A. & J. MÉNARD

Agriculture

moderne

COURS ÉLÉMENTAIRE et COURS MOYEN (1re annéc)

PARIS

Librairie Vuibert & Nony

63, BOULEVARD SAINT-GERMAIN, 63

1904

Certificat d'études primaires :

Choix de Sujets donnés aux examens du *Certificat d'études primaires élémentaires*, recueillis par H. BARREAU, inspecteur primaire de la Seine, et A. BOUCHET, principal de collège :

    Livre de l'Élève : Vol. 18/12^cm, cart., 4e éd........ 0 fr. 90
    Livre du Maître : Vol. 18/12^cm, cart., 2e éd... ..... 2 fr. 50

LE LIVRE DE L'ÉLÈVE renferme 321 sujets de composition française, 630 problèmes, des sujets d'agriculture, de dessin et de couture, 80 examens oraux d'histoire et de géographie, le tout donné aux plus récents examens dans tous les départements.

LE LIVRE DU MAITRE renferme 450 dictées, le plan de tous les sujets de composition française, le développement d'un grand nombre d'entre eux, et la solution de tous les problèmes.

Cours Méthodique de Langue française, par J. TRABUC, inspecteur de l'enseignement primaire : *Le Vocabulaire, la Grammaire, la Composition, la Lecture expliquée.*

    Cours élémentaire : Vol. 18/12^cm, 248 p., cart...... 0 fr. 90
    Cours moyen : Vol. 18/12^cm, 324 p., cart........ .. 1 fr. 25

Dans ce cours, inspiré par une longue expérience des choses de l'école, et une judicieuse observation des méthodes rationnelles qui s'imposent aujourd'hui, M. Trabuc abandonne résolument les anciennes formules et s'appuie sur ce principe que toujours l'étude des mots doit être précédée de l'*étude des idées*. Il a été amené ainsi à faire une large place, à côté de la grammaire dont il a simplifié l'étude, aux exercices d'observation et de vocabulaire ; puis il met à profit la pratique de ces exercices pour familiariser les élèves avec la *composition française*, but principal de l'étude de notre langue, et il montre tout le parti qu'on peut tirer, en vue du même but, des lectures raisonnées et bien comprises.

Éducation Morale à l'École (L'), à l'usage des écoles primaires de garçons et de filles, par A. et M. SENTENAC, instituteur et institutrice publics.

COURS MOYEN ET COURS SUPÉRIEUR :
    Livre de l'Élève : Vol. 18/12^cm, 50 morc. de chant, cart. 1 fr. 25
    Livre du Maître : Vol. 18/12^cm, 50 morc. de chant, cart. 1 fr. 60
COURS ÉLÉMENTAIRE.......................... (*Sous presse*).

Enseignement Moral et Social (L'), par A. RAMAGE, ancien instituteur à Paris, répétiteur à l'école Arago.

    Cours élémentaire : Vol. 18/12^cm, cart............ 0 fr. 60
    Cours moyen : Vol. 18/12^cm, cart................ 0 fr. 75

Arithmétique à l'usage des écoles primaires de garçons et de filles, par MM. A. et E. RAMÉ.

    Cours élémentaire, }
    Cours moyen, } 2 vol. 18/12^cm, cart... (*Sous presse*).

Agriculture Moderne (Cours d') à l'usage des écoles primaires, par A. MÉNARD, ancien élève de l'École normale du Mans, ingénieur-agronome, et J. MÉNARD, professeur d'école primaire supérieure, diplômé de l'enseignement agricole.

    Cours élémentaire et *Cours moyen* (1re année). Vol. 18/12^cm. 1 fr. »
    Cours moyen (2e année) et *Cours supérieur*. Vol. 18/12^cm. 1 fr. 50

Enseignement Ménager (L'), par Mme M. SAGE, professeur.
— Un vol. 18/12^cm, 504 p., ill., cart.................. 2 fr. »

L'Éducation Morale à l'École
par le Chant,

par **A**. et **M**. SENTENAC, Instituteur et Institutrice publics.

COURS MOYEN ET COURS SUPÉRIEUR :
Livre de l'Élève : V. 18/12^{cm}, c. avec 5o *pages de musique.* **1** fr. **25**
Livre du Maître : V. 18/12^{cm}, c. avec 5o *pages de musique.* **1** fr. **60**

COURS ÉLÉMENTAIRE........................... (*Sous presse*).

Cet ouvrage est un bref exposé du programme, sous forme de leçons rédigées d'après les instructions officielles.

Chaque leçon dans le livre du Maître comprend :

    1° Un sommaire ;
    2° Un résumé précédé d'un précepte ;
    3° Des résolutions et des pensées morales ;
    4° Des listes de lectures, de récitations, de chants ;
    5° Quelques sujets de rédaction ;
    6° Des problèmes moraux et un questionnaire.

Les Maîtres ne sauraient voir une entrave à leur initiative dans cette division méthodique : le *sommaire* et le *résumé* sont simplement ici l'idée directrice autour de laquelle tous les développements pourront se grouper et être modifiés suivant l'âge, l'intelligence des enfants, les milieux où ils vivent, suivant aussi la sensibilité du maître et sa manière de voir et de juger.

Les sommaires, les listes de lectures, de récitations et de chants, sont destinés uniquement aux maîtres pour leur faciliter la tâche et ont naturellement été supprimés dans le livre de l'Élève.

Cours de Perspective d'Observation, *à l'usage des Aspirantes au brevet élémentaire*, par A. LEGRAND, professeur au collège et directeur des cours de dessin industriel de Dieppe. — Un vol. illustré de 120 gravures..... **1** fr. »

Cet intéressant ouvrage donne le développement des matières du programme officiel, la construction en perspective et le dessin ombré au crayon de tous les modèles exigés aux examens.

Le Dessin au Brevet supérieur, par A. LEGRAND. (*Sous presse.*)

Enseignement Primaire du Dessin : Notice et Conseils

POUR L'APPLICATION DES QUATRE PREMIERS PARAGRAPHES DU PROGRAMME OFFICIEL, avec l'indication des modèles à l'usage des écoles primaires. Organisation immédiate et très simplifiée des cours primaires de dessin. — Un petit vol. 18/12^{cm} avec 62 modèles............................. .... **0** fr. **60**

AGRICULTURE MODERNE

(Cours Élémentaire et Cours Moyen, 1ʳᵉ année)

La partie " COURS MOYEN (2ᵉ année) et COURS SUPÉRIEUR "
(vol. 18/12ᶜᵐ de 312 pages, illustré de 287 gravures, élégamment
cartonné) se vend **1** fr. **50**.

Agriculture
moderne

à l'usage des écoles primaires et des cours d'adultes
et des candidats au certificat d'études primaires

PAR

A. MÉNARD   &   J. MÉNARD

Ingénieur-agronome, | Professeur d'école primaire supérieure,
Professeur spécial d'Agriculture. | Diplômé de l'enseignement agricole.

COURS ÉLÉMENTAIRE et COURS MOYEN (1ʳᵉ année)

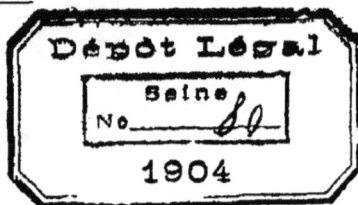

PARIS
Librairie Vuibert & Nony
63, BOULEVARD SAINT-GERMAIN, 63

1904

D'AGRICULTURE MODERNE

PRÉLIMINAIRES

1. L'*agriculture* est l'étude de la *production végétale* et de la *production animale*.

Le cultivateur cherche à réaliser la production agricole de la manière la plus avantageuse, de façon à en retirer le plus de bénéfices possible. Il est indispensable pour cela qu'il possède une bonne instruction agricole, afin de pouvoir suivre les progrès que fait sans cesse l'agriculture et profiter des perfectionnements apportés aux anciens procédés de culture.

Le métier de cultivateur ne consiste pas seulement à savoir tenir une charrue, manier une faux. La direction de l'exploitation est chose bien plus difficile, et elle nécessite des connaissances théoriques dont les premiers éléments sont enseignés à l'école primaire.

Enfants, vous qui voulez être cultivateurs, soyez donc attentifs aux leçons d'agriculture que votre maître vous enseigne : vous en retirerez plus tard un profit considérable.

PREMIÈRE PARTIE

PRODUCTION VÉGÉTALE

2. On divise les *êtres* qui se trouvent à la surface de la terre en *êtres vivants* et en *êtres inanimés*.

Les êtres vivants sont ceux qui naissent, se reproduisent et meurent. Les uns peuvent se mouvoir, ce sont les *animaux*;

les autres ne peuvent se déplacer eux-mêmes, ce sont les **végétaux** ou *plantes*.

Les êtres inanimés sont appelés **minéraux.**

3. La **plante** est l'élément essentiel de la production végétale. Elle a besoin d'aliments pour vivre et se développer, et elle puise cette nourriture dans le **sol** et dans l'**atmosphère.**

Quand le sol ne renferme pas assez d'aliments, on lui en apporte : ce sont les **amendements** et les **engrais.** Une même espèce de plantes ne peut végéter longtemps sur le même sol ; il faut changer chaque année les plantes de terrain, en divisant les terres labourables en plusieurs parties qui portent des plantes différentes : c'est l'**assolement.** Pour obtenir des récoltes abondantes, il est nécessaire de bien préparer le sol à l'aide des **machines agricoles,** qui servent à effectuer les **façons culturales.** Il faut en outre connaître les exigences des **plantes cultivées** pour les placer dans les conditions les plus favorables à leur développement.

L'étude de la production végétale comprend donc :

1° l'étude de la plante ;
2° — de l'atmosphère et du sol ;
3° — des amendements et des engrais ;
4° — de l'assolement ;
5° — des façons culturales ;
6° — des machines agricoles ;
7° la culture spéciale des plantes.

CHAPITRE I

ÉTUDE DE LA PLANTE

SOMMAIRE :

I. Semences.....
- Diverses sortes de semences.
  - Graine.
  - Tubercule.
  - Bulbe.
  - Bouture.
- Conservation des semences.
- Choix et achat des semences.
  - Espèce.
  - Provenance.
  - Pureté.
  - Pouvoir germinatif.
  - Poids des graines.

II. Germination...
- Développement de la tigelle et de la radicule, chute des cotylédons.
- Conditions de la germination.
  - Présence de l'embryon.
  - Pouvoir germinatif.
  - Eau.
  - Chaleur.
  - Air.

III. Développement de la plante.
- Nourriture aux dépens des matières de réserve.
- Nourriture par les poils absorbants des racines.
- Nourriture par les feuilles.
  - Fonction chlorophyllienne.
  - Respiration.
  - Transpiration.

IV. Fructification.
- Les différentes parties de la fleur.
  - Calice.
  - Corolle.
  - Étamines.
  - Pistil.
- Formation des fruits aux dépens des matières de la tige.
- Durée des plantes.
  - Plantes annuelles.
  - Plantes bisannuelles.
  - Plantes vivaces.

4. La *plante* est un être vivant : elle naît, croît, se reproduit et meurt. Elle provient d'une **semence** qui contient le **germe** de la plante. Le développement du germe est la **germination**. Après la germination, la plante se **déve-**

loppe, produit des **fruits**, c'est-à-dire de nouvelles semences qui serviront à sa reproduction.

Il y a donc à étudier dans la plante : 1° les semences; 2° la germination; 3° le développement; 4° la fructification.

I. — SEMENCES

5. Les *semences* sont destinées à la reproduction des plantes. Ce sont tantôt des **graines** (*fig*. 1, A) comme dans le blé, la luzerne, le trèfle; tantôt des **tubercules** (*fig*. 1, B)

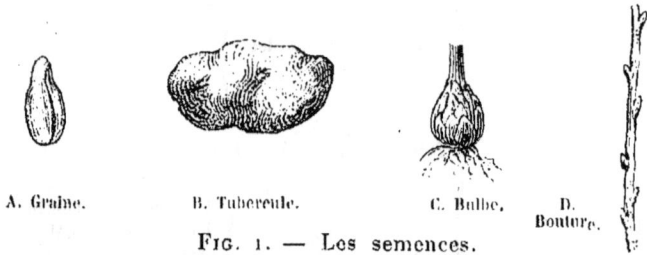

A. Graine.   B. Tubercule.   C. Bulbe.   D.
                                                            Bouture.

FIG. 1. — Les semences.

comme dans la pomme de terre, le topinambour; tantôt des **bulbes** (*fig*. 1, C) comme dans l'oignon; tantôt des **boutures** (*fig*. 1, D) comme dans la vigne.

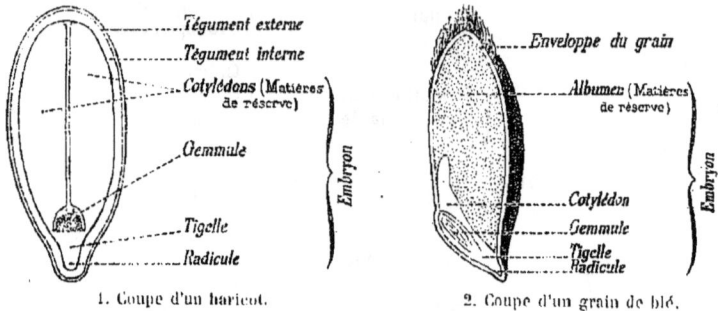

1. Coupe d'un haricot.   2. Coupe d'un grain de blé.

FIG. 2. — Les différentes parties de la graine.

6. Graine. — Une *graine* (*fig*. 2) se compose de deux parties principales : l'enveloppe, qu'on appelle *tégument*, et la partie centrale, qu'on nomme l'*amande*. L'amande renferme le germe de la plante : c'est l'**embryon**, qui est la partie essentielle de la graine. *Toute graine qui a perdu son embryon ne peut plus germer.* L'embryon est entouré par les *matières de réserve*, qui serviront d'aliments à la jeune plante jusqu'à ce qu'elle ait des racines suffisantes pour puiser sa nourriture dans le sol. Tantôt les matières de réserve sont renfermées dans une ou deux feuilles nourricières appelées *cotylédons*, tantôt elles forment l'*albumen*.

7. Tubercule. — Le *tubercule* est une portion de la tige de la plante. Il se développe sur la partie souterraine de la tige. Il porte des **yeux** ou *bourgeons* qui constituent le germe de la plante. Le reste du tubercule forme les *réserves nutritives*.

8. Bulbe. — Le *bulbe* est également une portion de tige sur laquelle les feuilles sont très rapprochées et transformées en écailles qui constituent les *réserves nutritives*. Au centre des écailles se trouve un *bourgeon*, qui est le germe.

9. Bouture. — La *bouture* est une portion de tige portant des bourgeons situés à l'aisselle des feuilles.

10. Conservation des semences. — Pour conserver les graines, il faut les soustraire à l'humidité. On les met pour cela en petits tas sur un plancher dans un local bien sec, et on les remue de temps en temps.

Les bulbes et les tubercules sont conservés dans un appartement non humide, à basse température.

11. Choix et achat des semences. — Le cultivateur ne peut produire lui-même toutes les semences dont il a besoin ; il est obligé d'en acheter. Il doit alors choisir de bonnes semences, car *les mauvaises coûtent toujours trop cher*.

Lorsqu'on choisit une semence, il faut examiner l'**espèce** pour savoir si c'est bien celle que l'on désire ; demander la **provenance**, car les plantes sont comme les animaux, elles souffrent quand on les change de climat. Il faut aussi examiner la **pureté** de la semence, afin de ne pas semer de mauvaises graines, et enfin s'assurer qu'elle peut germer, c'est-à-dire qu'elle a conservé son *pouvoir germinatif*. Beaucoup de graines germent mal : elles ont perdu leur pouvoir germinatif. Pour voir si des graines peuvent germer, on fait un *essai de germination* dans un *germoir* en papier (*fig*. 3).

Pour faire cet essai de germination, on peut se servir d'une feuille de papier buvard dont on rabat les quatre bords vers le centre. On y place un certain nombre de graines à essayer, cent par exemple, on pose la feuille repliée dans une assiette

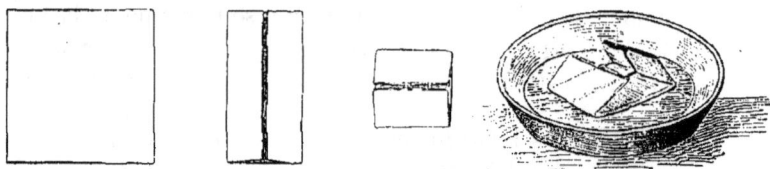

FIG. 3. — Fabrication d'un germoir en papier.
(On voit à gauche le mode de pliage de la feuille de papier buvard.)

(*fig*. 3) où l'on a mis une mince couche d'eau, et l'on y entretient une légère humidité.

La température doit, autant que possible, se maintenir entre 20° et 28°. On note à la fin de l'expérience, qui dure au moins dix jours, le nombre de graines qui ont germé. On a ainsi la valeur du pouvoir germinatif pour cent. Si 92 graines ont germé, le pouvoir germinatif est de 92 %.

Il est bon aussi d'observer la rapidité avec laquelle se fait la germination, car plus une graine germe rapidement, meilleure elle est.

Les grosses graines, celles qui sont le plus lourdes, donnent toujours des plantes plus fortes et par suite un rendement plus considérable. Il faut donc trier les graines employées comme semences, de façon à ne semer que les meilleures. *En opérant constamment un choix parmi les semences qu'on récolte, on améliore les espèces ;* c'est ce qu'on appelle faire de la **sélection**.

Achetons donc toujours de bonnes graines ; adressons-nous

pour cela à des maisons de confiance et méfions-nous des
offres trop avantageuses, car en économisant dix francs sur la
semence on peut perdre cinquante francs sur la récolte.

N'achetons jamais de mélanges de graines ; ils coûtent toujours plus cher que les graines achetées séparément.

II. — GERMINATION

12. La *germination* est le développement de l'*embryon*
de la graine.

Si l'on met une graine, un haricot par exemple, dans la terre

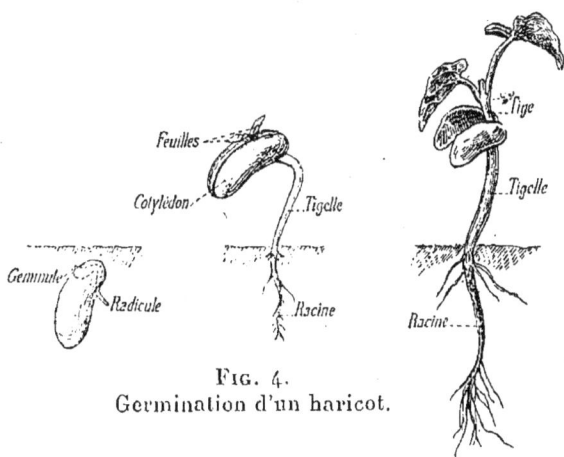

FIG. 4.
Germination d'un haricot.

fraîche (*fig.* 4), il se gonfle, le tégument qui l'entoure éclate
et une petite racine, la **radicule**, s'enfonce dans le sol. Au-
dessus de la radicule se trouve une petite tige, la **tigelle**,
qui grandit en soulevant les *cotylédons*. Ceux-ci se séparent
pour laisser passer les deux premières feuilles. La *radicule*
et la *tigelle* se développent aux dépens de substances qui se
trouvent dans les cotylédons; ceux-ci se rident et tombent.

Ainsi, pendant la germination, la jeune plante se nourrit des
réserves alimentaires qui sont dans la graine.

13. Conditions de la germination. — Nous
avons vu (6) qu'une graine pour germer doit être pourvue d'un
embryon et n'avoir pas perdu son pouvoir germinatif. Mais
ces conditions ne sont pas suffisantes ; il faut, en outre, à la
graine, de l'*eau*, de la *chaleur* et de l'*air*, c'est-à-dire
qu'elle doit être placée dans un milieu humide, chaud et
aéré.

Ces conditions se trouvent remplies dans un sol bien préparé. Si le sol est trop humide ou si les graines sont placées
trop profondément, elles pourrissent ou donnent des plantes

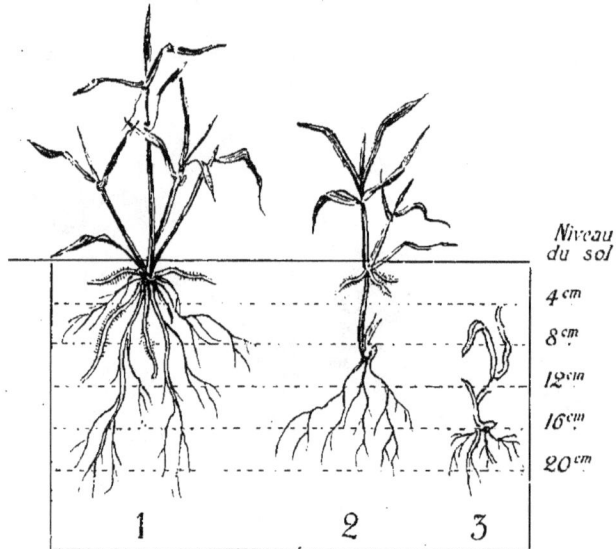

1. Grain de blé enterré à une profondeur normale : bon développement. — 2. Grain de
blé enterré un peu trop profondément : développement médiocre. — 3. Grain de blé
enterré beaucoup trop profondément : développement nul.

Fig. 5. — Les graines enterrées trop profondément donnent
des plantes chétives.

chétives (*fig.* 5, nᵒˢ 2 et 3). Il faut donc mettre toutes les
graines à la profondeur la plus favorable à leur germination
(*fig.* 5, nᵒ 1). Pour cela on se sert du *semoir en lignes*,
instrument dont nous parlerons plus loin (voir chap. VI,
§ 106).

III. — DÉVELOPPEMENT DE LA PLANTE

14. Après la germination, la plante puise sa nourriture dans le *sol* à l'aide de ses **racines**, et dans l'*air* à l'aide de ses **feuilles**.

Les *racines* se ramifient dans le sol et sur chacune de ces ramifications se trouvent des poils très fins qu'on appelle **poils absorbants** (*fig.* 6), parce que ce sont eux qui absorbent les

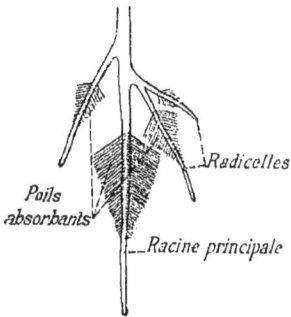

FIG. 6. — Racine pourvue de poils absorbants.

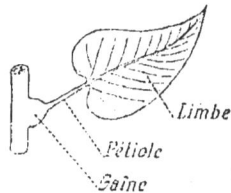

FIG. 7. — Les différentes parties de la feuille.

FIG. 8.
Fonction chlorophyllienne.
(Sous l'influence de la lumière solaire, les plantes vertes dégagent de l'oxygène.)

liquides nutritifs du sol servant à la nourriture de la plante. Ces liquides constituent la **sève** du végétal, qui contribue à la formation de nouveaux organes, à l'accroissement de la plante.

Les *feuilles* se composent de trois parties : la *gaine*, le *pétiole* et le *limbe* (*fig.* 7). Elles renferment une matière verte qu'on nomme la **chlorophylle**. Pendant le jour, sous l'influence de la lumière solaire, cette chlorophylle a la propriété de décomposer le gaz carbonique de l'air pour prendre son carbone et mettre en liberté l'oxygène. Cette fonction des feuilles se nomme la **fonction chlorophyllienne** (*fig.* 8).

En outre, les plantes **respirent** comme les animaux, c'est-à-dire qu'elles absorbent de l'oxygène et rejettent du gaz carbonique (*fig.* 9).

Elles **transpirent**, c'est-à-dire qu'elles dégagent de la

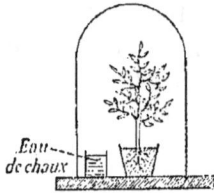

FIG. 9.
Respiration des plantes.

(L'eau de chaux se trouble par suite du dégagement du gaz carbonique.)

FIG. 10.
Transpiration des plantes.

(Des gouttelettes d'eau se déposent sur les parois intérieures de la cloche.)

vapeur d'eau (*fig.* 10). Cette eau s'échappe par de petits trous appelés *stomates*, situés à la partie inférieure des feuilles.

La plante se développe d'autant mieux qu'elle a plus d'aliments à sa disposition, qu'elle est mieux nourrie.

IV. — FRUCTIFICATION

15. Lorsque le développement de la plante est terminé, elle **fructifie**, c'est-à-dire qu'elle produit des *fleurs* et des *fruits*.

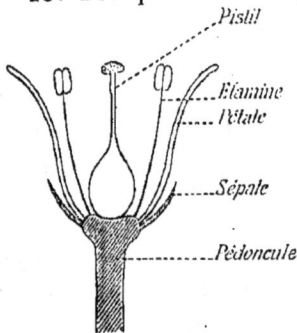

FIG. 11.
Les quatre parties de la fleur.

16. Une *fleur* complète (*fig.* 11 et 12) se compose de quatre parties : le **calice**, la **corolle**, les **étamines** et le **pistil**.

Le *calice* est ordinairement vert, quelquefois coloré. Il se compose de plusieurs pièces qu'on nomme *sépales*.

La *corolle* est presque toujours colorée. Les parties dont elle est formée se nomment *pétales*.

Le calice et la corolle servent à protéger les étamines et le pistil, qui sont les parties essentielles de la fleur.

Les *étamines* sont formées par de petits sacs renfermant une poussière jaune appelée *pollen*. Ces petits sacs, qui sont

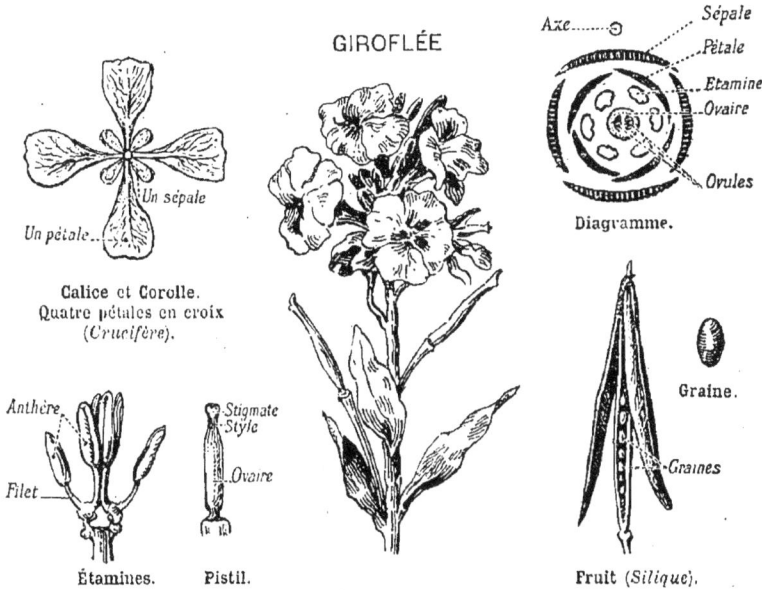

GIROFLÉE

Axe

Sépale

Pétale

Étamine

Ovaire

Ovules

Diagramme.

Un sépale

Un pétale

Calice et Corolle.
Quatre pétales en croix
(*Crucifère*).

Anthère

Stigmate
Style

Filet

Ovaire

Graine.

Graines

Étamines.   **Pistil.**

Fruit (*Silique*).

Fig. 12. — Examen d'une fleur complète (Giroflée).

les *anthères*, sont placés à l'extrémité d'une petite tige qu'on nomme *filet*.

Le *pistil* comprend trois parties : l'*ovaire*, le *style* et les *stigmates*. C'est l'ovaire qui, après avoir été fécondé par le pollen des étamines, se développe pour former le fruit.

17. Les substances nutritives contenues dans le fruit se forment généralement aux dépens de la tige et des feuilles, qui se dessèchent et meurent.

Par conséquent, la tige et les feuilles d'une plante grainée renferment moins de matières nutritives que celles d'une plante verte. C'est pour cette raison qu'il faut couper les plantes fourragères au moment de la floraison : c'est alors qu'elles ont la plus grande valeur alimentaire.

18. Certaines plantes fructifient l'année même du semis et meurent : on les appelle *plantes annuelles*. Exemple : blé, orge, avoine, maïs, sarrasin.

D'autres ne donnent des fruits que la deuxième année, ce sont des *plantes bisannuelles*. Exemple : betterave, carotte, navet, chou.

Enfin, il y a des plantes qui peuvent fructifier plusieurs fois sans mourir; ce sont des *plantes vivaces*. Exemple : luzerne, sainfoin, ray-grass.

RÉSUMÉ

La *plante* est un être vivant. Elle provient d'une *semence*.

Semences. — On distingue plusieurs sortes de *semences* : la *graine*, le *tubercule*, le *bulbe* et la *bouture*.
La graine se compose de deux parties : le *tégument* et l'*amande*. L'amande renferme l'*embryon* et les *matières de réserve*.
Le tubercule, le bulbe et la bouture sont des portions de tige qui présentent des *yeux* ou *bourgeons*.
On conserve les semences en les mettant à l'abri de l'humidité.
Pour choisir et acheter des graines de semences, il faut examiner l'*espèce*, la *provenance*, la *pureté*, le *pouvoir germinatif* et tenir compte de la *grosseur* et du *poids* des graines.

Germination. — C'est le développement de l'embryon de la graine. L'embryon se développe aux dépens des matières de réserve.
Les conditions nécessaires à la germination sont la présence de l'*humidité*, de l'*air* et de la *chaleur*.

Développement de la plante. — La plante puise sa nourriture dans le sol par ses *racines* (poils absorbants) et dans l'air par ses *feuilles*.
Les *fonctions* des feuilles sont : la *fonction chlorophyllienne*, la *respiration*, la *transpiration*.

Fructification. — Une *fleur* se compose de quatre parties : le *calice*, la *corolle*, les *étamines* et le *pistil*. C'est le pistil qui, après la fécondation, forme le *fruit*.

On divise les plantes en *plantes annuelles*, *plantes bisannuelles*, *plantes vivaces*.

SUJETS DE DEVOIRS

1. Montrer combien il est important d'employer de bonnes semences. — Que faut-il examiner et quels renseignements faut-il prendre quand on achète des semences ?

2. Quelles sont les conditions nécessaires à la germination : 1° conditions provenant de la graine ; 2° conditions provenant du milieu où elle est placée ?

3. Quelles sont les fonctions des feuilles ? — En quoi consistent-elles ?

Sujets donnés aux examens du C. E. P.

4. Les conditions de la germination. — On vous a montré une plante germant. — Que se passe-t-il ?

5. Dites en quoi consiste le phénomène de la germination. Où la plante prend-elle sa nourriture pendant la germination ? après la germination ? — Conséquences.

6. Comment une plante puise-t-elle sa nourriture dans le sol ? — Quelle est cette nourriture ?

7. La fleur. — Choisissez un exemple de fleur complète et faites-en la description de manière à montrer la nature et le rôle des différentes parties qui la composent.

CHAPITRE II

ÉTUDE DE L'ATMOSPHÈRE ET DU SOL

SOMMAIRE :

I. **Atmosphère.**
- Composition de l'air.
- Gaz de l'air utiles aux plantes.
  - Oxygène.
  - Gaz carbonique.
  - Azote.
- Fixation de l'azote atmosphérique par les légumineuses. Microbes.

II. **Sol.**
- *Propriétés du sol.*
  - Perméabilité.
  - Immobilité.
  - Ameublissement.
  - Profondeur.
  - Richesse en principes fertilisants.
  - Pouvoir absorbant.
- *Constitution du sol.*
  - Sols siliceux.
  - — argileux.
  - — calcaires.
  - — humifères.
  - Terres franches.
- *Sous-sol.*
- *Appréciation des qualités des terres.*
  - Propriétés physiques.
  - Propriétés chimiques.

19. Les plantes, comme les animaux, ont besoin d'aliments pour vivre. Elles puisent leur nourriture dans l'**atmosphère** et dans le *sol*. Il faut donc étudier la composition de ces différents milieux.

I. — ATMOSPHÈRE

20. On donne le nom d'*atmosphère* à la couche d'**air** qui nous environne et au milieu de laquelle nous vivons.

L'*air* est formé par le mélange de plusieurs gaz dont les deux plus importants sont l'**oxygène** et l'**azote**. En 1894, deux savants anglais ont découvert dans l'air un nouveau gaz appelé *argon*.

L'*oxygène* forme 1/5 du volume de l'air ; l'*azote* et l'*argon* forment les quatre autres cinquièmes. Enfin l'air contient encore environ 3/10000 de *gaz carbonique* et de la *vapeur d'eau* en quantité variable.

Parmi ces gaz, ceux qui sont utiles aux plantes sont l'**oxygène**, le *gaz carbonique* et l'**azote**.

21. Oxygène. — L'*oxygène* est un gaz incolore et inodore qui se trouve dans l'air et dans l'eau. Il a la propriété de s'unir plus ou moins facilement aux autres corps ; on dit qu'il les *brûle*, et le phénomène se nomme *combustion*. Ainsi, du charbon qui brûle, c'est du carbone qui s'unit à l'oxygène pour former du gaz carbonique.

La *respiration* n'est pas autre chose qu'une combustion ; le carbone et l'hydrogène qui se trouvent dans le sang s'unissent à l'oxygène pour former, le premier du gaz carbonique, et le second de la vapeur d'eau qui s'échappent des poumons.

L'oxygène est donc nécessaire à la vie des plantes qui, nous l'avons vu, respirent comme les animaux. Privées d'air et, par suite, d'oxygène, elles meurent.

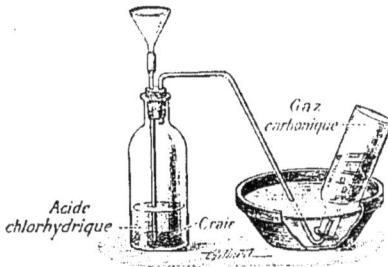

FIG. 13.
Préparation du gaz carbonique.
(En versant de l'acide chlorhydrique sur de la craie, il se dégage du gaz carbonique.)

22. Gaz carbonique. — Le *gaz carbonique* (*fig.* 13), comme nous venons de le voir (21), est formé de carbone et d'oxygène. C'est ce gaz qui fournit aux plantes le carbone nécessaire à la formation de leurs tissus. Le bois, vous le savez, renferme une grande quantité de carbone. Eh bien, ce carbone provient du gaz carbonique de l'air, décomposé par la matière verte des feuilles, la chlorophylle.

Le cultivateur n'a pas besoin de se préoccuper de fournir aux plantes de l'oxygène, ni du gaz carbonique, car l'air,

qui est sans cesse en mouvement, en apporte toujours suf-
fisamment.

Le gaz carbonique d'ailleurs ne s'épuise pas, puisque la
respiration et la combustion qui se
produisent à la surface du globe en
dégagent sans cesse dans l'atmosphère.

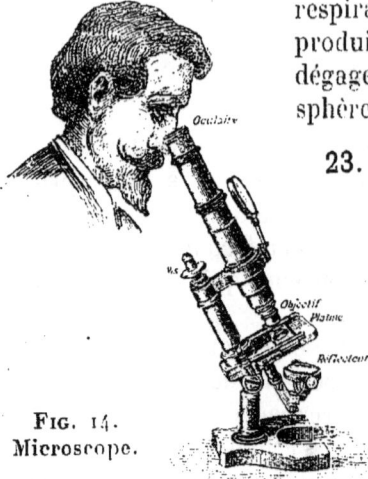

FIG. 14.
Microscope.

23. Azote. — L'*azote*, qui est si
abondant dans l'air, est
aussi un aliment indispensable aux plantes. Malheureusement elles ne peuvent
toutes s'en emparer. Il n'y
a que les plantes de la famille des ***légumineuses***,
comme le *pois*, la *luzerne*,
le *sainfoin*, *etc*..., qui puis-
sent prendre l'azote de l'air
pour s'en nourrir. Les autres s'assimilent celui qui est dans
le sol à l'état d'*azotates* (*nitrates*).

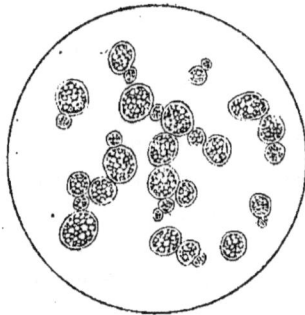

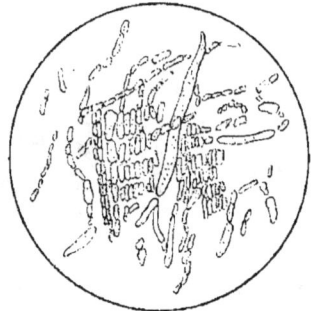

FIG. 15. — Ferment alcoolique   FIG. 16. — Ferment acétique
(Levure de bière).   (Mycoderme du vinaigre).

24. Microbes. — Outre les gaz dont nous venons de par-
ler (20), l'air renferme de la ***vapeur d'eau***, des ***poussières minérales*** et des *germes organisés* désignés sous
le nom de ***microbes***.

Ces microbes sont des êtres infiniment petits, qu'on ne peut apercevoir qu'avec des instruments grossissants appelés *mi-*

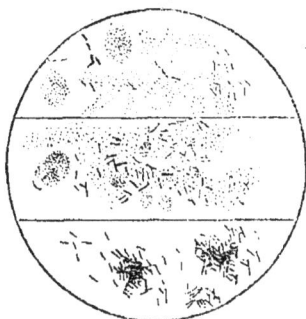

A. Tuberculose.

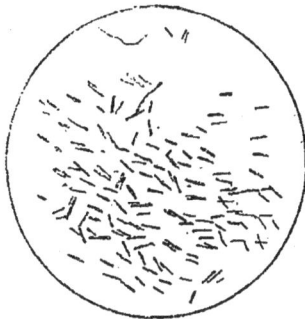

B. Fièvre typhoïde.

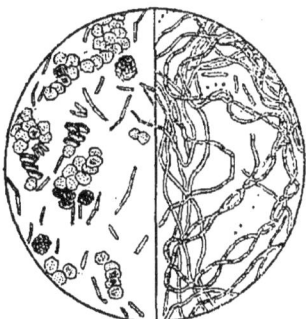

C. Charbon.

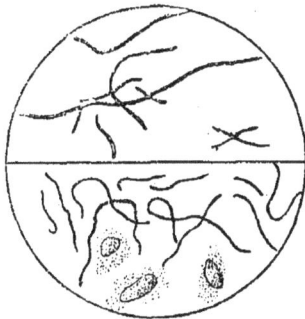

D. Septicémie.

FIG. 17. — Microbes pathogènes.

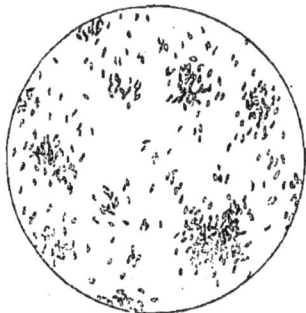

FIG. 18.
Ferment nitrique (Nitrobacter).

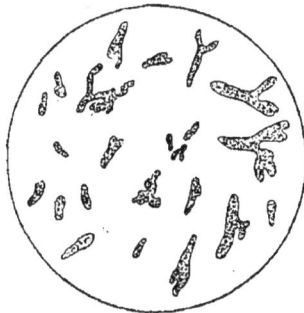

FIG. 19.
Bactérie des légumineuses.

croscopes (*fig.* 14), mais ils effectuent néanmoins parfois un travail considérable. Les uns sont utiles au cultivateur, tels, par exemple, les **ferments alcooliques** (*fig.* 15), qui produisent le phénomène de la *fermentation*, c'est-à-dire la transformation des liquides sucrés en boissons alcooliques (vin, cidre, bière, hydromel), les **ferments acétiques** (*fig.* 16), qui transforment le vin en vinaigre ; d'autres sont nuisibles et déterminent des maladies chez certaines substances (vin, lait, cidre, etc.) ; chez les plantes, chez les animaux, chez l'homme, ce sont les **microbes pathogènes**. Exemple : microbes de la *tuberculose*, de la *fièvre typhoïde*, du *charbon*, de la *septicémie* (*fig.* 17).

Le sol renferme également un grand nombre de germes microbiens dont quelques-uns sont de puissants auxiliaires pour le cultivateur. Ainsi, les **ferments nitrificateurs** (*fig.* 18) décomposent les matières organiques du sol et les transforment en nitrates solubles et capables d'être absorbés par les plantes ; les **bactéries des racines** des légumineuses (*fig.* 19) prennent l'azote de l'air et le fournissent à la plante sur laquelle ils vivent.

C'est un grand savant français, **Pasteur**, qui le premier s'est livré à l'étude approfondie des microbes.

II. — SOL

25. Le *sol* est la couche de terre meuble dans laquelle les racines des plantes se développent. C'est le support des plantes et le milieu où elles puisent leurs aliments.

26. Propriétés du sol. — Pour être favorable au développement des plantes, le sol doit être **perméable** afin de laisser passer l'eau nécessaire à la vie du végétal, **immobile** pour ne pas être entraîné par le vent ou par les pluies, **meuble** pour favoriser le développement des racines, **profond** pour conserver une plus grande quantité d'eau.

Il faut en outre que le sol renferme les aliments nécessaires

aux plantes. Ces aliments sont l'*azote*, l'*acide phospho-*
rique, la *potasse*, la *chaux*.

Tous ces aliments, pour être utilisés par les plantes, doivent
être **assimilables**, c'est-à-dire solubles dans l'eau ou dans
le suc sécrété par les racines.

La propriété qu'a le sol de retenir les substances fertilisantes pour les fournir aux plantes est appelée **pouvoir
absorbant** (*fig.* 20).

FIG. 20. — Pouvoir absorbant de la terre arable.

La terre des caisses nᵒˢ 2 et 3 a été imbibée de purin ; la caisse nᵒ 3 a été
ensuite lavée abondamment par la pluie. Le nᵒ 1 n'a rien reçu, c'est le témoin.

(*Expérience extraite de l'Instruction ministérielle du 4 janvier 1897.*)

Ainsi le sol retient l'acide phosphorique, la potasse, l'ammoniaque si utiles aux plantes, mais il ne retient ni les nitrates
ni la chaux. Il ne faut donc employer les engrais formés de
nitrates qu'au moment où les plantes en ont besoin, c'est-à-
dire au printemps.

27. Constitution du sol. — Le sol est constitué par quatre éléments principaux :

1° la silice ;
2° l'argile ;
3° le calcaire ;
4° l'humus.

Les sols sont formés tantôt par un seul de ces éléments, tantôt par la réunion de deux ou de plusieurs d'entre eux.

28. Sols siliceux. — Les *sols siliceux* sont formés par de la **silice**, c'est-à-dire du sable plus ou moins grossier.

Ces sols sont légers, peu résistants, faciles à cultiver. Ils se laissent traverser par l'eau et n'en retiennent qu'une faible quantité : ils constituent des terres sèches et brûlantes en été. Généralement les sols sableux sont peu fertiles ; ils manquent de chaux et d'acide phosphorique. Aussi y cultive-t-on des plantes peu exigeantes, telles que le *sarrasin*, le *chou*, le *lupin*, la *pomme de terre*, le *seigle*, la *vesce*, le *trèfle incarnat*. Avec de l'eau et des engrais, on en fait des terres de bonne qualité. Ce sont souvent les meilleures dans les pays humides ; mais dans les pays chauds et secs, ce sont toujours des déserts arides.

On peut reconnaître la nature d'un sol à certaines plantes qui y poussent spontanément. Dans les terrains sableux, on trouve la *fougère* (*fig.* 21), le *genêt à balai* (*fig.* 22), la *bruyère* (*fig.* 23 et 24), la *digitale pourprée* (*fig.* 25), la *petite oseille* (*fig.* 26).

29. Sols argileux. — Les *sols argileux* sont constitués en grande partie par de l'*argile*. L'*argile* pure est formée de petits grains de sable excessivement fins, réunis par une sorte de colle appelée *ciment colloïdal*. L'argile forme avec l'eau une pâte liante et durcit par la cuisson ; on en fait la porcelaine, les poteries diverses.

Les terres argileuses sont difficiles à travailler ; si elles sont humides, elles collent aux instruments ; si elles sont trop sèches, elles sont d'une dureté excessive. On ne peut les labourer qu'à certains moments déterminés.

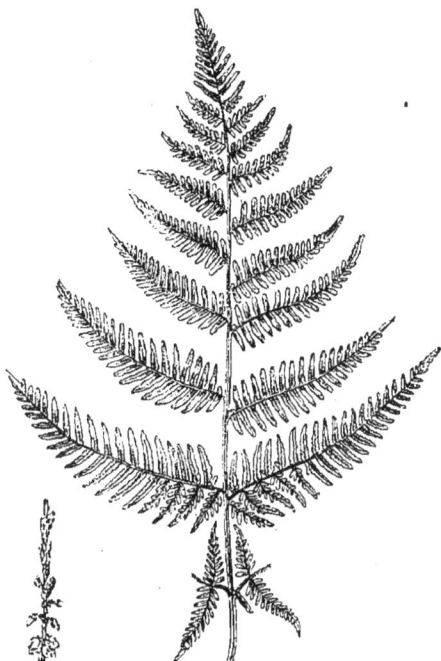

FIG. 21. — Fougère-Aigle.   FIG. 22. — Genêt à balai.

FIG. 23.   FIG. 24.   FIG. 25.   FIG. 26.
Bruyère   Bruyère   Digitale   Petite
vulgaire.   ardente.   pourprée.   oseille.

PLANTES CARACTÉRISTIQUES DES SOLS SILICEUX

Tige stérile

Epi de
sporanges

Tige fertile

Rhizome

Racines

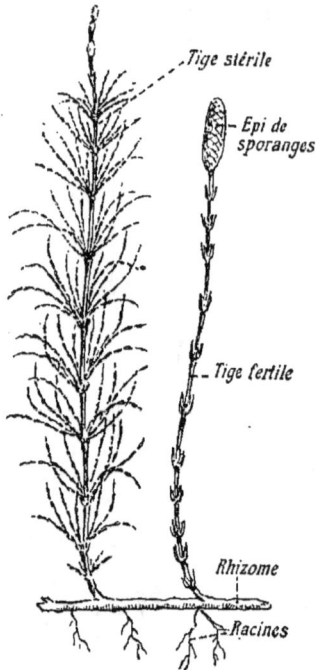

FIG. 27. — Pied de prêle des
champs portant une tige
fertile et une tige stérile.

FIG. 28. — Ajonc d'Europe.

FIG. 29. — Tussilage pas-d'âne.

FIG. 3o. — Populage des marais.

PLANTES CARACTÉRISTIQUES DES SOLS ARGILEUX

Ces sols s'échauffent lentement : ce sont des terres froides, convenant surtout aux prairies ou à la culture des *céréales*.

On peut améliorer ces terres en leur apportant de la chaux, car cette substance a la propriété de *coaguler* l'argile, c'est-à-dire de la rendre moins collante.

Les plantes spontanées que l'on trouve dans les terrains argileux sont : la *prêle* (*fig.* 27), l'*ajonc d'Europe* (*fig.* 28), le *tussilage pas-d'âne* (*fig.* 29), le *populage des marais* (*fig.* 30).

30. Sols calcaires. — Les *sols calcaires* sont constitués par du **carbonate de chaux** plus ou moins pur. La *craie*, le *marbre*, la *pierre à chaux*, le *tuffeau*, que vous connaissez tous, sont formés de carbonate de chaux, c'est-à-dire de gaz carbonique combiné avec la chaux. Si l'on verse un *acide*, du fort vinaigre par exemple, sur du carbonate de chaux, il se produit un bouillonnement, le gaz carbonique se dégage. On dit que *le calcaire fait* **effervescence** *avec les acides* (*fig.* 31).

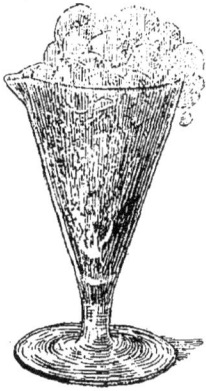

Fig. 31. — Le calcaire fait effervescence avec les acides.

Les terres calcaires sont légères, faciles à cultiver, mais elles ont le grand défaut de se soulever par la gelée, ce qui brise les racines des plantes.

Elles craignent la sécheresse comme les terres siliceuses; aussi y cultive-t-on de préférence le *seigle*, le *sarrasin*, la *pomme de terre*, le *sainfoin*, la *minette*, la *vesce*.

Les plantes qui caractérisent les sols calcaires sont le *mélampyre des champs* (*fig.* 32), l'*anémone pulsatile* (*fig.* 33), la *germandrée petit-chêne* (*fig.* 34), la *campanule agglomérée* (*fig.* 35), l'*arrête-bœuf* (*fig.* 36).

31. Sols humifères. — Les *sols humifères* sont ceux qui renferment une grande proportion d'*humus*.

L'**humus** ou *terreau* est formé par des matières organiques en voie de décomposition. Il a une couleur noirâtre et renferme toujours de l'azote, qui est l'aliment des plantes le plus coûteux. L'humus est donc un élément très précieux.

Il y a deux sortes d'humus : l'*humus doux* et l'*humus acide* ou *terre de bruyère*. La **tourbe** est de l'humus acide, formé par des débris

FIG. 32. — Mélampyre des champs.

FIG. 33. — Anémone pulsatile.

FIG. 34. — Germandrée petit-chêne.

FIG. 35. — Campanule agglomérée.

FIG. 36. Arrête-bœuf.

PLANTES CARACTÉRISTIQUES DES SOLS CALCAIRES

FIG. 37.
Pédiculaire des bois.

de plantes aquatiques ; elle est employée comme combustible, comme litière ou comme engrais.

Les *sols tourbeux* sont peu fertiles parce qu'ils sont très humides et manquent d'oxygène. Les plantes spontanées qui y poussent sont la *pédiculaire des bois* (*fig.* 37), les *joncs* (*fig.* 38), les *carex* (*fig.* 39 et 40), la *linaigrette* à feuilles étroites (*fig.* 41).

32. Terres franches.— On désigne sous le nom de

FIG. 38.
Jonc.

FIG. 39.
Carex des rives.

FIG. 40.
Carex jaune.

FIG. 41.
Linaigrette à feuilles étroites.

PLANTES CARACTÉRISTIQUES DES SOLS TOURBEUX

terres franches celles qui contiennent les quatre éléments : sable, argile, calcaire et humus dans de bonnes proportions.

Ces terres sont très fertiles. Elles conviennent à toutes les cultures, même les plus exigeantes, pourvu qu'on leur apporte des engrais en quantité suffisante.

Les plantes qui les caractérisent sont : le *sureau yèble* (*fig.* 42) et la *chicorée sauvage* (*fig.* 43).

FIG. 42. — Sureau yèble.   FIG. 43. — Chicorée sauvage.

PLANTES CARACTÉRISTIQUES DES TERRES FRANCHES

33. Sous-sol. — Au-dessous de la couche de terre arable qui est remuée par les instruments de labour se trouve le **sous-sol**.

Les racines des plantes pénètrent jusque dans le sous-sol pour y puiser l'humidité dont elles ont besoin et les aliments qui s'y trouvent (*fig.* 44). Le sous-sol a donc une grande influence sur la valeur du sol.

34. Appréciation des qualités des terres. — Pour connaître les qualités d'une terre, il y a deux choses à examiner : ses *propriétés physiques* et ses *propriétés chimiques*.

C'est en travaillant le sol qu'on apprécie bien ses propriétés physiques. On voit comment il se comporte sous l'action de l'eau, de la sécheresse, de la gelée, du vent ; on se rend compte de la résistance qu'il présente aux instruments ; on examine sa profondeur.

En faisant l'*analyse mé-canique* de la terre, c'est-à-dire en séparant les *cailloux*, le *gros sable*, le *sable fin*, l'*argile*, le *calcaire* et l'*humus* (*fig.* 45), on peut aussi connaître la constitution du sol.

Pour étudier ses propriétés chimiques, c'est-à-dire la quantité d'aliments qu'il renferme, il faut faire l'*analyse chimique* de la terre. Cette analyse est difficile et ne peut être exécutée que dans les *laboratoires*. Elle est cependant très utile, puisqu'elle indique les aliments qui se

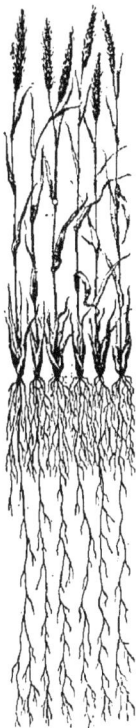

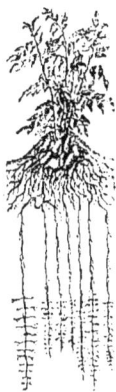

FIG. 44.
Pénétration des racines dans le sous-sol.

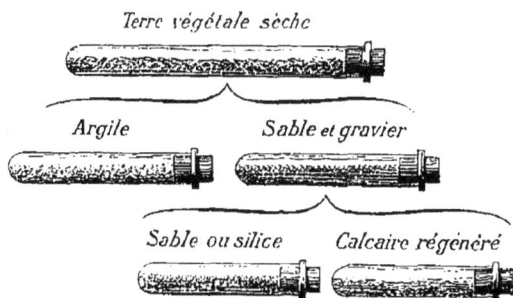

Terre végétale sèche

Argile   *Sable et gravier*

Sable ou silice   *Calcaire régénéré*

FIG. 45. — Composition de la terre arable.
(Analyse mécanique : séparation des roches qui la forment).
(*Expérience extraite de l'Instruction ministérielle du 4 janvier* 1897.)

trouvent dans le sol en trop faible quantité et, par suite, ceux qu'il faut y apporter pour que les plantes trouvent une nourriture abondante. Aussi, on ne saurait trop recommander aux cultivateurs de faire analyser leurs terres.

RÉSUMÉ

Les plantes puisent leur nourriture dans l'**atmosphère** et dans le **sol**.

Atmosphère. — C'est la couche d'air qui nous environne. L'air est formé du mélange de plusieurs gaz, dont les plus importants sont : l'**oxygène**, l'**azote**, le **gaz carbonique**.

L'*oxygène* entretient la respiration des plantes. Le *gaz carbonique* leur fournit le carbone nécessaire à la formation de leurs tissus. L'*azote* de l'air ne peut être utilisé directement que par les plantes de la famille des **légumineuses**.

Les **microbes** sont des êtres infiniment petits répandus dans l'air et dans le sol. Les uns sont utiles et travaillent pour le cultivateur (*ferments alcooliques, acétiques, nitrificateurs*, etc.) ; d'autres sont nuisibles et déterminent des maladies, on les appelle *microbes pathogènes*.

Sol. — C'est la couche de terre meuble où les racines des plantes se développent. Il leur sert de support et de garde-manger.

Les propriétés d'un bon sol sont d'être *perméable, immobile, meuble* et *profond*, de renfermer les aliments nécessaires aux plantes : **azote, acide phosphorique, potasse, chaux.** Le sol retient ces aliments grâce à son **pouvoir absorbant.**

Le sol est constitué par quatre éléments : la **silice**, l'**argile**, le **calcaire** et l'**humus.** Suivant que l'un ou l'autre de ces éléments domine, on dit que le sol est *siliceux, argileux, calcaire, humifère.* Une terre *franche* est celle qui renferme les quatre éléments en de bonnes proportions.

Le **sous-sol** est la couche de terre qui se trouve au-dessous du sol. Sa composition influe sur la qualité du sol.

On apprécie les qualités d'une terre par l'**analyse mécanique**, qui indique sa constitution physique, et par l'**analyse chimique**, qui fait connaître la quantité d'aliments qu'elle renferme.

SUJETS DE DEVOIRS

1. Composition de l'atmosphère. — Gaz qu'elle renferme et qui sont utiles aux plantes.

2. Quelles sont les propriétés d'un bon sol ?

3. Éléments constitutifs du sol. — Propriétés des diverses espèces de sol.

4. Moyens employés pour apprécier la qualité des terres.

Sujets donnés aux examens du C. E. P.

5. Qu'est-ce que l'atmosphère ? — Que renferme l'atmosphère ? Les diverses substances contenues dans l'atmosphère sont-elles utiles ? — Rôle des diverses substances contenues dans l'air atmosphérique.

6. Éléments constitutifs des sols : calcaire ou craie, silice ou sable, argile ou terre glaise, humus ou terreau. — Quelle est l'importance du sol en agriculture ? — Quel est l'inconvénient d'un sous-sol imperméable ? — Quel est l'inconvénient d'un sous-sol perméable ?

CHAPITRE III

AMENDEMENTS ET ENGRAIS

SOMMAIRE :

Nécessité des amendements et des engrais.

I. Amendements proprement dits.
- Différents amendements.
- Amendements calcaires.
  - Marne.
  - Chaux.
  - Emploi des amendements calcaires.

II. Drainage.

III. Irrigations.

IV. Engrais.

1° Provenant de la ferme.
- Fumier.
- Compost.
- Engrais verts.

2° Complémentaires.
- Leur nécessité.
- *Animaux.*
  - Engrais flamand.
  - Poudrette.
  - Débris animaux.
  - Guano.
- *Végétaux.*
  - Tourteaux.
  - Goémon ou varech.
- *Minéraux ou chimiques.*
  - azotés
    - Nitrate de soude.
    - Sulfate d'ammoniaque.
  - phosphatés
    - Phosphate naturel.
    - Superphosphate.
    - Scories.
    - Poudre d'os.
  - potassiques
    - Kaïnite.
    - Chlorure de potassium.
    - Sulfate de potasse.
- *Divers.*
  - Plâtre.
  - Cendres.
  - Suie.

Valeur des engrais.
Achat des engrais.

35. Nécessité des amendements et des engrais. — Les plantes que l'on cultive et qu'on récolte enlèvent chaque année au sol une certaine quantité d'aliments, et celui-ci tend sans cesse à s'appauvrir. *Il est donc indispensable, pour conserver à la terre sa fertilité, de lui restituer les substances que les plantes lui enlèvent.* Il y a aussi des sols pauvres en éléments fertilisants qui produisent de faibles récoltes. Pour augmenter leur rendement, il est nécessaire de les améliorer par l'apport des matériaux qui leur manquent.

36. Les substances qu'on apporte au sol pour lui restituer ce que les plantes lui enlèvent ou pour améliorer ses propriétés sont les **engrais** et les **amendements**.

I. — AMENDEMENTS PROPREMENT DITS

37. Les *amendements* sont les substances qu'on apporte au sol pour améliorer ses propriétés physiques.

38. On peut apporter au sol du *sable*, de l'*argile*, du *calcaire* ou de l'*humus*. Il y a donc des **amendements siliceux**, des **amendements argileux**, des **amendements calcaires** et des **amendements humifères**. Les amendements calcaires sont les seuls employés en grande culture.

39. Amendements calcaires. — Ces amendements sont très répandus, car il suffit d'une faible quantité de ces matières pour améliorer certains sols d'une manière très sensible.

Les *amendements calcaires* sont employés surtout dans les terres argileuses, parce qu'*ils ont la propriété de rendre l'argile moins collante*. Ils la réunissent en petits grumeaux et l'empêchent de se délayer. Ils diminuent par conséquent la compacité des terres fortes et facilitent la pénétration de l'air et de la chaleur.

Le calcaire a encore pour effet d'activer la **nitrification**, c'est-à-dire la *transformation des matières organiques insolubles en nitrates solubles et directement assimilables par la plante.* Cette transformation se fait par l'intermédiaire d'êtres très petits, de microbes, qu'on appelle *ferments nitriques* (voir *fig*. 18, p. 17).

Les amendements calcaires les plus employés sont la **marne**, la **chaux** et le **sable de mer** (trez, maërl, tangue).

40. Marne. — C'est un calcaire impur qui a la propriété de se *déliter*, c'est-à-dire de se réduire en poussière sous l'influence de l'humidité et de la gelée.

La marne est extraite des carrières et mise en petits tas. Elle se délite et on la conduit dans les champs où on l'étend avant l'hiver pour qu'elle subisse l'action des pluies et des gelées qui achèvent de la désagréger. Au printemps, on mélange la marne au sol par un labour.

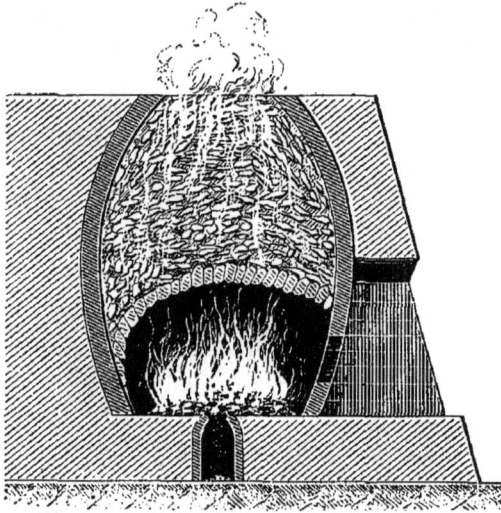

Fig. 46. — Four à chaux.

41. Chaux. — La *chaux* provient de la cuisson du **carbonate de chaux** ou *calcaire*. Le *carbonate de chaux* est formé de chaux et de gaz carbonique. La cuisson a pour but de chasser le gaz carbonique. Elle s'opère dans des fours en maçonnerie, ayant la forme d'un cylindre ou d'un tonneau

(*fig.* 46). On introduit dans ces fours des couches successives
de charbon de terre et de pierre à chaux et on retire la chaux
par une ouverture qui se trouve à la partie inférieure du four.

La chaux, comme la marne, a la propriété de se déliter
sous l'action de l'humidité. Quand elle est de bonne qualité,
elle *foisonne*, c'est-à-dire augmente de volume en se réduisant
en poussière.

La chaux au sortir du four est transportée dans les champs
où elle est mise en un ou plusieurs tas qu'on recouvre de
terre ou de terreau. Quand elle est réduite en poussière, on la
mélange à la terre qui la recouvre et on la répand sur le
champ au moment des labours.

42. Emploi des amendements calcaires. — Les amendements calcaires produisent de bons effets dans toutes les
terres où cet aliment fait défaut, mais en particulier dans les
terres fortes, argileuses et tourbeuses.

Il est préférable d'employer de faibles doses et de les
renouveler plus souvent, car plus il y a de calcaire dans le
sol, plus il s'en perd par les eaux de drainage.

*Les amendements calcaires n'apportent aux plantes
qu'un seul aliment, le calcaire. Par conséquent, s'ils augmentent les récoltes, c'est en facilitant l'absorption des
autres principes fertilisants, c'est-à-dire en appauvris-
sant davantage le sol. Donc,* **plus on apporte de calcaire à la terre végétale, plus il faut fumer.**

II. — DRAINAGE

43. Le *drainage* peut être considéré comme un amendement apporté au sol.

Le sol a besoin d'être aéré, car l'air est nécessaire aux
racines des plantes comme à leur tige. Or l'eau qui pénètre
dans le sol en chasse une partie de l'air, et si l'eau se trouve
en grande quantité, tout l'air du sol en sera chassé : les
plantes cultivées ne pourront plus y vivre. *Le* **drainage**

*(fig. 47 et 48) a justement pour but d'enlever au sol l'hu-
midité qui s'y trouve en excès et qui serait nuisible à la
vie des plantes.*

Les terres qui retiennent le plus d'humidité sont les terres

FIG. 47. — Différentes formes de tuyaux de drainage.

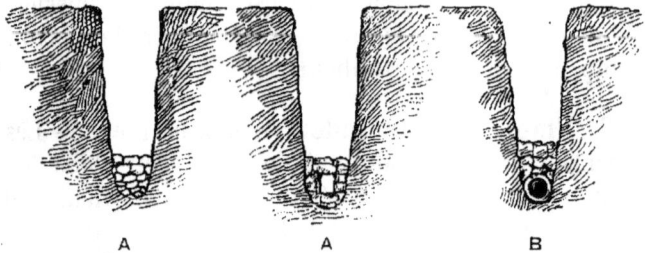

FIG. 48. — Drainage (différents dispositifs).
A. Drainage en pierres. — B. Drainage en tuyaux de poterie.

argileuses et les terres à sous-sol imperméable. C'est donc
dans ces terres que le drainage est nécessaire.

III. — IRRIGATIONS

44. Les *irrigations* consistent à amener de l'eau à la surface du sol et à l'y laisser séjourner plus ou moins longtemps.

Elles favorisent le développement des plantes fourragères
de plusieurs manières :

1° *Elles apportent aux plantes l'eau dont elles ont
besoin ;*

2° *Elles fertilisent le sol par les matières qu'elles
tiennent en suspension et par celles qui y sont en disso-
lution ;*

3° *Les eaux d'irrigation, qui sont bien aérées, amènent*

*dans le sol l'oxygène nécessaire aux racines des plantes
et à la nitrification ;*

4° *Elles réchauffent le sol en hiver.*

Il est donc très important pour le cultivateur d'utiliser
autant qu'il le peut les eaux que la nature met à sa disposition.

IV. — ENGRAIS

45. Les *engrais* sont les aliments, nécessaires aux plantes,
qui manquent au sol et qu'on y apporte pour augmenter sa
puissance productive.

On peut diviser les engrais en deux catégories :

1° Engrais provenant de la ferme ;
2° Engrais achetés au dehors ou engrais complémentaires.

1° *Engrais provenant de la ferme.*

46. On produit à la ferme du **fumier**, des **composts**
et des **engrais verts**.

47. Fumier. — Le *fumier de ferme* était autrefois le
seul engrais employé en agriculture. C'est encore aujourd'hui
le plus important, puisqu'on le trouve dans toutes les exploitations et qu'il fournit au sol tous les aliments dont les plantes
ont besoin.

Le fumier provient des déjections des animaux, absorbées
par la *litière.*

La meilleure litière est celle qui fournit un bon coucher
aux animaux et qui absorbe le mieux les urines. Les différentes
pailles constituent une bonne litière.

48. Soins à donner au fumier. — *Pour ne rien perdre
des matières fertilisantes qui se trouvent dans les déjections des animaux, pour obtenir de bon fumier, il faut
prendre beaucoup de soins.*

Il faut enlever fréquemment le fumier de dessous les animaux, car s'il reste trop longtemps dans l'étable ou dans l'écurie, il fermente et perd une partie de son azote (*fig.* 49, B), qui est le principe fertilisant le plus cher.

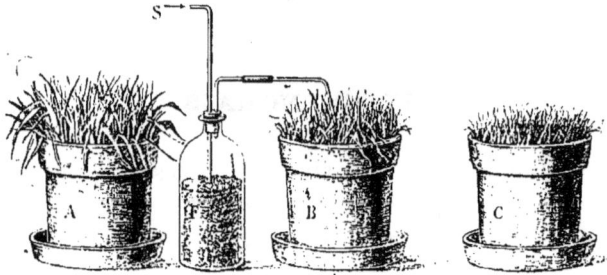

FIG. 49. — Puissance fertilisante des produits liquides et gazeux du fumier.

Les trois pots sont ensemencés en gazon : A a reçu du purin ; B reçoit le gaz dégagé du fumier en fermentation dans la bouteille ; C n'a rien reçu. On renouvelle l'air du flacon F en soufflant en S, soit au moyen d'un soufflet relié au tube par un caoutchouc, soit autrement.
(*Expérience extraite de l'Instruction ministérielle du 4 janvier* 1897.)

Au sortir de l'étable, on met le fumier en un tas bien fait qu'on appelle *plate-forme* (*fig.* 50) s'il est au-dessus du sol,

1. Le purin s'écoule par le milieu de la plate-forme.　　2. Le purin s'écoule par les rigoles qui entourent la plate-forme.

FIG. 50. — Plates-formes à fumier.

et *fosse* (*fig.* 51) s'il est au-dessous. On tasse le fumier sur la plate-forme et on l'arrose avec du purin.

Les déjections liquides, qu'on désigne sous le nom de **purin**, étant celles qui sont le plus riches en matières fertilisantes, doivent être recueillies avec soin dans une fosse située à côté de la plate-forme et qu'on appelle *fosse à purin* (*fig.* 51).

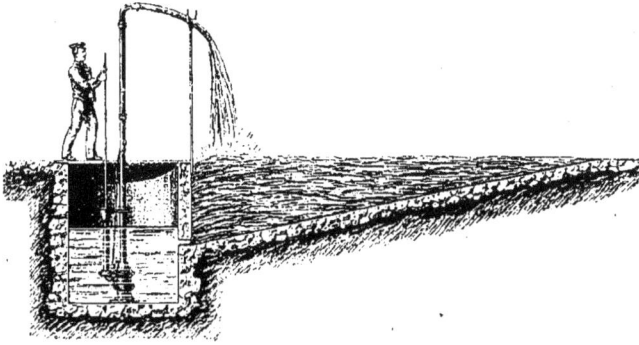

FIG. 51. — Fosse à fumier avec fosse à purin.

49. Emploi du fumier. — On laisse ordinairement le fumier en tas pendant plusieurs mois avant de l'employer. Il fermente et prend une couleur noire : on le transporte dans les champs où on le met en petits tas appelés *fumerons* et on procède aussitôt à l'épandage, puis à l'enfouissage à l'aide d'un labour.

Une fumure de 10 000ᵏᵍ de fumier par hectare et par année constitue une fumure moyenne.

50. Compost. — On désigne sous le nom de *compost* un mélange de débris organiques rassemblés en un tas où ils se décomposent. Cet engrais convient surtout aux prairies.

51. Engrais verts. — Nous avons vu (n° 23) que les *plantes de la famille des légumineuses ont la propriété de fixer l'azote de l'air*. En les enfouissant dans le sol, on enrichit donc celui-ci en azote puisqu'on lui en apporte davantage que la plante ne lui en a pris. On donne aux plantes qu'on cultive pour les enfouir dans le sol le nom d'*engrais verts*.

2° *Engrais complémentaires.*

52. Leur nécessité. — Le fumier est indispensable au sol et ne saurait être remplacé par des produits chimiques, car il apporte à la terre non seulement les aliments des plantes, mais encore l'humus qui en améliore les propriétés physiques.

Mais le fumier provenant des plantes d'un sol ne peut contenir que les substances qui s'y trouvaient. Si ce sol man-

FIG. 52. — Effet produit par l'absence ou l'insuffisance d'un élément.

Les deux pots ont été remplis de terre stérile ou épuisée mélangée de super-phosphate de chaux et de chlorure de potassium ; l'avoine levée, on a donné du nitrate de soude à l'un des pots, l'autre pot ne renferme qu'une proportion infime d'azote, celle de la terre employée.

(Expérience extraite de l'Instruction ministérielle du 4 janvier 1897.)

quait d'acide phosphorique, le fumier sera pauvre en cet élément. Par conséquent, en restituant aux terres d'une exploitation le fumier produit à la ferme, il n'est guère possible de les améliorer.

Il est donc nécessaire, pour augmenter les récoltes, d'avoir recours à d'autres engrais achetés au commerce, à des *engrais complémentaires*.

53. Division des engrais complémentaires. — On divise les engrais complémentaires en :

Engrais animaux ;
— végétaux ;
— minéraux ou chimiques ;
— divers.

ENGRAIS ANIMAUX

54. Les *engrais animaux* sont ceux qui proviennent du règne animal. On emploie l'*engrais flamand*, formé par les matières des fosses de vidanges mélangées à de la terre ; la *poudrette*, provenant de la partie solide des matières fécales desséchées ; les *débris animaux* (*sang, corne, viande*), constitués par des résidus de boucherie et d'autres industries, transformés en engrais ; le *guano*, composé d'excréments d'oiseaux de mer accumulés sur certains points de l'Amérique du Sud.

Toutes ces substances sont riches en azote.

ENGRAIS VÉGÉTAUX

55. Les *engrais végétaux* sont ceux qui sont fournis par le règne végétal, c'est-à-dire par les plantes elles-mêmes. Ils comprennent les *engrais verts* que nous avons étudiés, les *tourteaux*, le *goémon*.

56. Tourteaux. — Ce sont les résidus des graines oléagineuses dont on a extrait l'huile. On n'emploie comme engrais que les tourteaux avariés ou ceux qui sont nuisibles aux animaux. Ils sont surtout utilisés pour la culture de la betterave à sucre et celle de la vigne.

57. Goémon. — On récolte sur les côtes de Bretagne et

de Normandie des débris de plantes marines qu'on désigne sous le nom de *goëmon* et de *varech*. Ces plantes sont employées comme engrais.

ENGRAIS MINÉRAUX OU CHIMIQUES

58. Les *engrais minéraux*, qu'on appelle communément **engrais chimiques**, sont ceux qui proviennent du règne minéral.

On les divise en :

> Engrais azotés;
> —   phosphatés;
> —   potassiques.

59. Engrais azotés. — Les *engrais azotés* apportent aux plantes un seul aliment, l'*azote*. L'agriculture emploie surtout deux engrais chimiques azotés : le **nitrate de soude**, qui est un sel blanc grisâtre qu'on extrait du sol dans l'Amérique du Sud, et le **sulfate d'ammoniaque**, qui provient des eaux d'épuration d'usines à gaz et des matières liquides des vidanges.

Le *nitrate de soude* n'est pas retenu par le sol, il ne faut l'employer qu'au printemps; tandis que le *sulfate d'ammoniaque* étant retenu par la terre, peut être employé à l'automne, au moment des semailles.

60. Engrais phosphatés. — Les *engrais phosphatés* apportent au sol l'*acide phosphorique*. Ces engrais sont très utiles, car une partie des terres de la France sont pauvres en acide phosphorique.

On emploie comme engrais phosphatés les **phosphates naturels**, les **superphosphates**, les **scories**, les **poudres d'os**.

61. Les *phosphates naturels*, dont on trouve des gisements en France, en Algérie, en Amérique, contiennent l'acide phosphorique à l'état insoluble, aussi la plante a beaucoup de peine à s'en emparer.

62. Les *superphosphates* sont des phosphates naturels

qui ont été traités par l'acide sulfurique pour rendre l'acide phosphorique soluble dans l'eau et par suite assimilable.

On distingue les *superphosphates minéraux*, qui sont fabriqués avec des phosphates de chaux naturels, et les *superphosphates d'os*, qui sont fabriqués avec des os réduits en poudre, c'est-à-dire avec de la poudre d'os.

63. Les *scories de déphosphoration* sont des résidus des hauts fourneaux où l'on transforme la fonte en fer. Elles ont l'aspect d'une poudre brune. Elles doivent être très finement pulvérisées.

64. Engrais potassiques. — Ils apportent au sol la *potasse*. Ce sont : la **kaïnite**, qui est un sel impur provenant des mines de Stassfürt en Allemagne ; le **chlorure de potassium**, qui ressemble au sel de cuisine, et le **sulfate de potasse**.

ENGRAIS DIVERS

65. Plâtre. — Le *plâtre* apporte du soufre aux plantes, mais il agit encore en favorisant l'assimilation de la potasse et la nitrification.

Il produit d'excellents effets sur les légumineuses : luzerne, trèfle, sainfoin.

66. Cendres. — Les *cendres non lessivées* apportent au sol de la potasse et de l'acide phosphorique. Les cendres lessivées, ou *charrées*, n'apportent plus que de l'acide phosphorique, puisque la lessive enlève la potasse qui sert au blanchissage du linge.

67. Suie. — La *suie* constitue un engrais qui convient surtout aux prairies humides où poussent de mauvaises herbes.

Valeur des engrais.

68. *Un engrais ne vaut que par l'azote, l'acide phosphorique et la potasse qu'il renferme*. Plus un engrais renferme de ces trois éléments, meilleur il est.

69. Valeur de l'azote. — L'azote a une valeur plus ou moins grande selon l'état où il se trouve, c'est-à-dire suivant qu'il est plus ou moins assimilable. Ainsi l'azote du nitrate de soude ou du sulfate d'ammoniaque a une plus grande valeur que celui du fumier. L'azote du nitrate de soude vaut actuellement 1^{fr},60 à 1^{fr},75 le kilog.

70. Valeur de l'acide phosphorique. — L'acide phosphorique des superphosphates n'a de valeur qu'autant qu'il est assimilable, c'est-à-dire soluble dans l'eau ou dans un liquide spécial appelé *citrate d'ammoniaque*. Il vaut 0^{fr},50 à 0^{fr},55 le kilog.

Dans les scories, l'acide phosphorique n'est pas soluble au citrate, mais il est cependant assez assimilable. Il coûte 0^{fr},40 le kilog.

71. Valeur de la potasse. — La potasse coûte 0^{fr},40 le kilog. dans le chlorure de potassium et 0^{fr},50 dans le sulfate de potasse.

72. Calcul du prix d'un engrais. — D'après ces données, quand on connaît la composition d'un engrais, il est facile d'en calculer le prix.

Voici un exemple :

Un engrais renferme 2 % d'azote, 8,4 % d'acide phosphorique et 2,5 % de potasse. Quelle est la valeur du sac de 100^{kg} de cet engrais, sachant que l'azote vaut 1^{fr},60 le kilog., l'acide phosphorique 0^{fr},48 et la potasse 0^{fr},45.

SOLUTION :

100^{kg} de l'engrais renferment 2^{kg} d'azote, 8^{kg},4 d'acide phosphorique et 2^{kg},5 de potasse.

Valeur de l'azote 1^{fr},60 × 2 = 3^{fr},20.

Valeur de l'acide phosphorique 0^{fr},40 × 8,4 = 4^{fr},03.

Valeur de la potasse 0^{fr},45 × 2,5 = 1^{fr},12.

Valeur du sac de 100^{kg} de l'engrais, 8^{fr},35.

Achat des engrais.

73. En examinant un engrais, on ne peut se rendre compte de sa valeur, c'est-à-dire de la quantité d'azote, d'acide phosphorique et de potasse qu'il contient. *L'analyse chimique seule peut faire connaître sa composition et permettre d'en calculer le prix.*

Pour connaître la qualité des engrais qu'on achète, il faut donc les faire analyser. On s'adresse pour cela aux **laboratoires départementaux** et **stations agronomiques**.

74. Les **Syndicats agricoles** sont des associations fondées entre les cultivateurs d'une même commune ou d'un même canton pour l'achat de certaines denrées : semences, engrais, machines, etc. Les syndicats achètent leurs engrais sur garanties et les font analyser : on est donc certain de leur valeur.

75. Pour diminuer les fraudes sur les engrais, une loi du 4 février 1888 ordonne aux marchands d'engrais d'indiquer *sur facture* le nom, la provenance de l'engrais et sa teneur en principes fertilisants exprimée par les poids d'azote, d'acide phosphorique et de potasse contenus dans 100^{kg} de marchandise facturée, telle qu'elle est livrée : c'est la *garantie obligatoire des engrais.*

RÉSUMÉ

Amendements proprement dits. — Ce sont les matières qu'on apporte au sol pour améliorer ses propriétés physiques.

On distingue les *amendements siliceux* (sable), les *amendements argileux* (argile), les *amendements calcaires* (marne, chaux), les *amendements humifères* (tourbe, terreau).

Drainage. — Il a pour but d'enlever l'excès d'humidité qui se trouve dans le sol. Il aère celui-ci et favorise la nitrification.

Irrigations. — Elles consistent à amener de l'eau à la surface du sol et à l'y laisser séjourner plus ou moins longtemps. Les irrigations activent surtout le développement des plantes fourragères.

Engrais. — Ce sont les aliments des plantes qu'on apporte au sol pour entretenir et augmenter sa fertilité. On peut classer les engrais de la manière suivante :

1° ENGRAIS PROVENANT DE LA FERME : Fumier, compost, engrais verts.

2° ENGRAIS COMPLÉMENTAIRES.	Animaux.		Engrais flamand, poudrette. Sang, corne, viande. Guano.
	Végétaux	:	Tourteaux, goémon.
	Minéraux ou chimiques	azotés......	Nitrate de soude. Sulfate d'ammoniaque.
		phosphatés..	Phosphates naturels. Superphosphates. Scories, poudre d'os.
		potassiques..	Chlorure de potassium. Sulfate de potasse. Kaïnite.
	Divers...		Plâtre. Cendre. Suie.

La valeur d'un engrais dépend des quantités de principes fertilisants (*azote, acide phosphorique, potasse*) qu'il renferme.

On évalue ces quantités de principes fertilisants par l'*analyse chimique*.

Syndicats agricoles. — Ce sont des *associations* fondées entre les cultivateurs d'une même commune ou d'un même canton pour l'achat en commun de certains produits utiles à l'agriculture (*semences, engrais, machines*, etc.).

SUJETS DE DEVOIRS

1. Quels sont les amendements calcaires que vous connaissez? — Leurs effets sur les sols argileux. — Quelle précaution faut-il prendre quand on emploie beaucoup d'amendements calcaires ?

2. Pourquoi draine-t-on les terrains ? — Quels sont les sols qui ont besoin d'être drainés ?

3. Montrer la nécessité des engrais en général et des engrais complémentaires en particulier.

4. Indiquer et classer dans un tableau les principaux engrais employés en agriculture.

5. Soins à donner au fumier de ferme.

6. Engrais minéraux ou chimiques. — Leur division. — Principaux engrais chimiques.

7. De quoi dépend la valeur d'un engrais ? — Comment la calcule-t-on ?

Sujets donnés aux examens du C. E. P.

8. Les amendements. — Définir l'amendement. — Énumérer les principaux et indiquer ceux qu'il conviendrait d'appliquer dans notre région.

9. Emploi de la chaux comme amendement. — Les phosphates.

10. Quelle est l'utilité de l'eau dans la culture ? — Comment la procure-t-on au sol ? — Quels procédés emploie-t-on pour assainir les terres humides ?

11. Les engrais, leur utilité en agriculture. — Principaux engrais complémentaires ; leur rôle.

12. Engrais de ferme. — Des soins à apporter à la confection et à l'amélioration du fumier de ferme.

13. Quels sont les avantages des engrais chimiques ? — Citez ceux qui apportent au sol l'azote, l'acide phosphorique, la potasse. — Que doit-on faire avant d'utiliser un de ces engrais ?

14. Un cultivateur disait : « Je n'emploie jamais de nitrates, c'est trop cher ; je n'emploie que des phosphates, c'est meilleur marché. » Faites voir que ce cultivateur ignore la composition des plantes et leur mode de nutrition.

CHAPITRE IV

ASSOLEMENT

SOMMAIRE :

76. Alternance des cultures. — Les cultivateurs disent que *la terre s'ennuie de porter la même plante,* parce qu'ils ont reconnu qu'en cultivant toujours un végétal sur le même terrain, les récoltes vont en diminuant.

Cela est vrai et pour plusieurs raisons :

1° Une même espèce de plantes prend toujours dans le sol les mêmes aliments à la même profondeur. Aussi manque-t-elle bientôt de nourriture, tandis que si on lui fait succéder une plante ayant des goûts différents, celle-ci pourra utiliser les aliments qui n'ont pas servi à la première.

2° En cultivant toujours la même plante sur un sol on favorise le développement des mauvaises herbes. Il en est ainsi pour les céréales : blé, orge, avoine, qui se laissent facilement envahir par les herbes nuisibles et qu'on appelle pour cela *plantes salissantes.*

En faisant succéder à une céréale une plante sarclée, ou **plante nettoyante** (par exemple, betterave ou pomme de terre), on empêche la propagation des mauvaises herbes.

3° La culture continue d'un même végétal sur un sol favorise aussi la propagation des insectes et des maladies des plantes.

Il est donc nécessaire de varier les cultures sur une même terre, c'est-à-dire d'*alterner les cultures.*

Pour cela on divise les terres de l'exploitation en plusieurs parties qui portent chacune à leur tour les plantes que l'on cultive.

Cette division des terres s'appelle **assolement.**

77. Assolement. — Si on cultive une plante tous les deux ans sur le même sol, l'*assolement* est **biennal.**

Si les plantes reviennent tous les trois ans sur la même parcelle, l'*assolement est* **triennal.**

Un assolement de quatre ans est appelé *assolement* **quadriennal.**

Les plantes doivent se succéder dans l'assolement de telle façon :

1° *Qu'après chaque récolte on ait le temps nécessaire pour bien préparer le sol pour la culture suivante;*

2° *Qu'une plante nettoyante succède à une plante salissante;*

3° *Qu'une plante à racines longues succède à une plante à racines courtes.*

Voici quelques exemples d'assolements dans lesquels les règles ci-dessus sont observées :

Assolement	1re année :	blé,
biennal	2e —	betterave.

Assolement	1re année :	plantes sarclées,
triennal	2e —	froment,
	3e —	trèfle.

Assolement	1re année :	plantes sarclées,
quadriennal	2e —	blé,
	3e —	trèfle,
	4e —	orge ou avoine.

78. Jachère. — On appelle *jachère* un repos d'une ou plusieurs années que l'on fait subir au sol en interrompant la culture des plantes de l'assolement.

La jachère a surtout pour but de favoriser la destruction des mauvaises herbes.

RÉSUMÉ

L'assolement est la division des terres de l'exploitation en plusieurs parties qui portent des cultures différentes. On opère cette division pour pouvoir *alterner les cultures*.

L'alternance des cultures consiste à faire varier les plantes cultivées sur un même sol, parce que, comme disent les cultivateurs, *la terre s'ennuie de porter la même plante*.

La *jachère* est un repos que l'on fait subir au sol pour favoriser la destruction des mauvaises herbes.

SUJET DE DEVOIR

Qu'entend-on par assolement? — Pourquoi ne cultive-t-on pas toujours la même plante dans le même terrain? — Qu'entendez-vous par assolement biennal, triennal? — Indiquez une succession de plantes pour un système d'assolement triennal.

(C. E. P.)

CHAPITRE V

FAÇONS CULTURALES

SOMMAIRE :

79. But et importance des façons culturales. — *Les façons culturales* ont pour but de maintenir et d'améliorer les propriétés physiques du sol, c'est-à-dire de l'ameublir, de le diviser, de l'aérer et de détruire les mauvaises herbes.

Elles ont une grande importance, car c'est d'elles que dépend tout d'abord le succès des récoltes; on aura beau apporter des engrais en quantité dans un sol mal préparé et envahi par des herbes nuisibles, les plantes n'en profiteront pas.

L'amélioration des façons culturales prime donc toutes les autres améliorations.

80. Les principales façons culturales sont : les labours, les hersages, les roulages, les scarifiages, les binages, les buttages, les défoncements et les défrichements.

I. — LABOURS

81. Les *labours* constituent la plus importante des façons culturales. Ils ont pour but de retourner la terre par bandes, de façon à aérer la partie profonde et à enfouir les mauvaises herbes.

82. Profondeur des labours. — On-distingue :

1° Les **labours profonds**, qui ont 20 à 25^{cm} ; ils favorisent le développement des racines, augmentent la fraîcheur du sol dans les terres sèches et assainissent les terres humides.

2° Les **labours superficiels**, qui ont 10 à 15^{cm} ; ils ont surtout pour but de détruire les plantes nuisibles ou inutiles. Le *déchaumage* est un labour superficiel effectué après l'enlèvement des céréales ; c'est une très bonne opération.

83. Époque des labours. — Il faut autant que possible effectuer les labours aussitôt après l'enlèvement des récoltes.

Cependant, dans certains cas, il est nécessaire que la terre soit en *bon état*, c'est-à-dire ni trop sèche ni trop humide.

84. Différentes formes de labours. — On distingue trois formes de labours :

1° Labours en billons ;
2° Labours en planches ;
3° Labours à plat.

Les **billons** (*fig.* 53, A) sont formés de deux ou de quatre bandes de terre adossées l'une à l'autre. Ils sont séparés par une dépression ou *dérayure* qui est le *sillon*.

Le seul avantage des labours en billons, c'est de faciliter l'écoulement des eaux ; aussi les pratique-t-on surtout dans les terrains humides. Mais à mesure que la culture se perfectionne on remplace, partout où c'est possible, les labours en billons par les labours en planches ou à plat, qui permettent de mieux

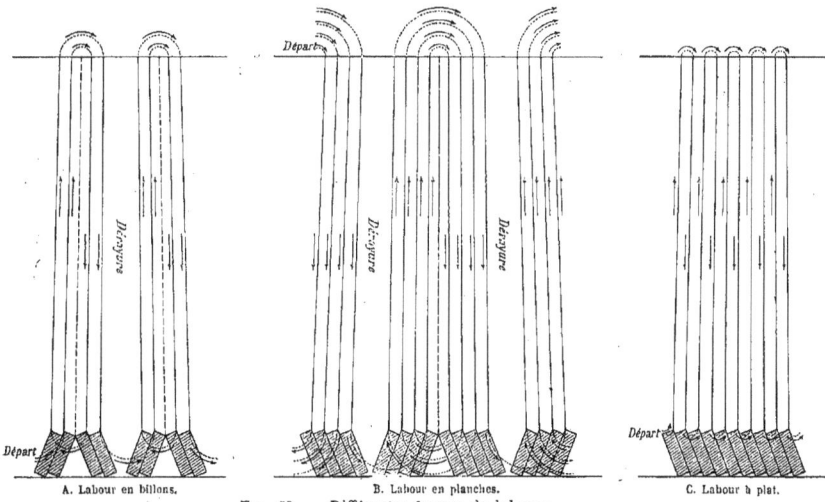

A. Labour en billons. B. Labour en planches. C. Labour à plat.

Fig. 53. — Différentes formes de labours.

utiliser la surface du sol et qui facilitent l'emploi des instruments perfectionnés.

Une **planche** (*fig.* 53, B) se compose de dix à vingt bandes de terre réunies ensemble. Entre deux planches se trouve une dérayure qui permet à l'eau en excès de s'écouler.

Dans le *labour à plat* (*fig.* 53, C), la surface du terrain ne présente aucune dérayure. La surface du sol est entièrement utilisée, les façons culturales, les travaux d'entretien et de récolte sont facilités grâce à l'emploi des instruments perfectionnés. Pour labourer à plat, on se sert d'une charrue spéciale appelée *Brabant double.*

II. — HERSAGE

85. Le *hersage* a pour but d'émietter la terre retournée par la charrue, d'égaliser la surface du sol et de ramener sur cette surface les mauvaises herbes pour les soumettre à l'action du soleil qui les dessèche et les détruit.

Une terre bien divisée à la surface se dessèche moins rapidement et les racines des plantes s'y ramifient avec plus de facilité.

Cette opération se fait dans les jardins avec un *râteau* et dans les champs avec une *herse.*

III. — ROULAGE

86. Le *roulage* a pour but de *briser les mottes* ou bien de *tasser le sol.*

Quand on veut briser les mottes, on emploie un rouleau armé de dents. Cette opération se fait avant les semailles.

Pour tasser le sol, on emploie un rouleau uni et très lourd.

On tasse le sol après les semailles de printemps pour favoriser la levée des graines, et après un labour de printemps ou d'été pour empêcher le sol de se durcir et de former des mottes qu'on aurait beaucoup de peine à briser ensuite.

IV. — SCARIFIAGE

87. Le *scarifiage* est une façon intermédiaire entre le labour et le hersage. Il remue la terre assez profondément mais sans la retourner. Il divise, il ameublit le sol à une plus grande profondeur que le hersage.

Cette opération s'exécute avec un *scarificateur*.

V. — BINAGE

88. Le *binage* a pour but de détruire les mauvaises herbes et d'ameublir la partie superficielle de la couche arable. Il doit être exécuté à une faible profondeur.

En détruisant les plantes adventices qui absorbent une partie de l'humidité du sol, on augmente la réserve d'eau pour les plantes cultivées.

En ameublissant la surface du sol, on diminue l'évaporation, car l'eau du sous-sol ne peut remonter par capillarité jusqu'à la surface ; elle s'arrête à la couche ameublie, qui constitue alors une sorte d'écran empêchant la dessiccation des parties inférieures.

Pour le démontrer, on met debout à côté l'un de l'autre dans une assiette quelques morceaux de sucre et l'on place sur la face supérieure de ces morceaux une couche d'un demi-centimètre de sucre en poudre (*fig.* 54), puis on verse un liquide, du vin par exemple, dans l'assiette. Par capillarité, le liquide monte dans les morceaux de sucre jusqu'à la partie

FIG. 54. — Expérience montrant l'effet du binage.

supérieure, mais il s'arrête à la couche de sucre en poudre, parce que les pores sont trop grands pour que l'action capillaire puisse s'exercer. Ainsi, le principal effet du binage c'est de conserver l'humidité du sol ; c'est pour cela qu'on dit : « **Un binage vaut un arrosage.** »

VI. — **BUTTAGE**

89. Le *buttage* consiste à accumuler de la terre au pied de
certaines plantes, dans le but de favoriser leur développement.

On butte les pommes de terre, le maïs, le tabac.

On butte encore avant l'hiver l'olivier, l'oranger, le figuier,
la vigne, l'artichaut pour les préserver du froid.

Le buttage se fait avec une charrue à deux versoirs appelée
butteur.

VII. — **DÉFONCEMENT**

90. Le *défoncement* a pour but d'ameublir le sous-sol. Il
a pour effet d'augmenter le réservoir d'humidité, de favoriser
la pénétration des petites radicelles des plantes (n° 33, *fig.* 44),
qui s'enfoncent parfois à plusieurs mètres pour puiser pendant
la sécheresse l'eau nécessaire à la vie du végétal.

Les défoncements donnent de très bons résultats dans les
terres riches et dans celles qu'on peut fumer abondamment.

VIII. — **DÉFRICHEMENT**

91. *Défricher*, c'est transformer en terre labourable une
terre inculte ou boisée. On défriche des landes, des terres
marécageuses, des bois.

A mesure que la culture fait des progrès dans une contrée,
il est souvent avantageux de défricher des landes, de transformer des terres marécageuses en prairies ; mais ces transformations ne doivent s'opérer que lentement, par petites parties.

Sans cela, l'opération est rarement rémunératrice et nécessite
des capitaux considérables.

Quant aux bois, il n'est presque jamais profitable de les
transformer en terres arables, à moins d'être sûr que la terre
est de bonne qualité et à la condition de se trouver dans une

région de débouchés faciles où la culture est déjà intensive. Il est souvent même plus avantageux de boiser un grand nombre de terres tourbeuses et de landes que de les défricher.

Ce n'est donc qu'après s'être bien rendu compte des difficultés et des avantages d'un défrichement qu'il faut l'entreprendre.

RÉSUMÉ

Les *façons culturales* ont pour but d'ameublir, de diviser, d'aérer le sol et de détruire les mauvaises herbes.

Labours. — Ils consistent dans le retournement de la terre par bandes pour aérer la partie profonde et enfouir les mauvaises herbes.

On distingue :

1° Au point de vue de la profondeur, les labours **profonds** (20 à 25ᶜᵐ) et les *labours superficiels* (10 à 15ᶜᵐ) ;

2° Au point de vue de la forme, les *labours en billons*, les *labours en planches*, les *labours à plat*.

Les labours s'exécutent avec la *charrue*.

Hersage. — Il a pour but d'émietter la terre, d'égaliser la surface du sol et de ramener sur cette surface les mauvaises herbes pour les soumettre à l'action du soleil. Cette opération s'exécute avec le *râteau* ou la *herse*.

Roulage. — Il a pour but de briser les mottes à l'aide d'un *rouleau à dents*, ou de tasser le sol avec un rouleau uni.

Scarifiage. — Il se fait avec le *scarificateur*, qui remue la terre plus profondément que la herse.

Binage. — Il détruit les mauvaises herbes et ameublit la couche superficielle du sol. Il s'exécute avec la *houe*.

Buttage. — Il consiste à accumuler de la terre au pied de certaines plantes pour favoriser leur développement ou les préserver du froid. Cette opération se fait avec un *butteur*.

Défoncement. — C'est un labour très profond (50 à 60ᶜᵐ) qui ameublit le sous-sol et qui s'exécute avec une *charrue défonceuse*.

Défrichement. — C'est la transformation en terre labourable d'une terre inculte ou boisée (*lande, terre marécageuse, bois*).

SUJETS DE DEVOIRS

1. Quel est le but des façons culturales ? — Montrer leur importance. — Énumérer les principales façons culturales et indiquer avec quels instruments on les exécute.

2. But et utilité des labours. — Profondeur des labours. — Différentes formes de labours.   (C. E. P.)

3. Parlez des labours. — Différentes sortes de labours. (C. E. P.)

4. Comment peut-on arriver à nettoyer une terre infestée de mauvaises herbes ?   (C. E. P.)

———————

CHAPITRE VI

MACHINES AGRICOLES

92. Les *machines agricoles* sont des instruments qui servent à effectuer les travaux de la ferme, c'est-à-dire la *préparation du sol*, l'*épandage des engrais et des semences*, la *récolte des plantes*, leur *transport* et la *préparation des récoltes pour la vente et la consommation.*

I. — AVANTAGES DES INSTRUMENTS PERFECTIONNÉS

93. Les *instruments perfectionnés* sont ceux qui suppléent en grande partie le travail de l'homme. *Exemples :* semoir en lignes, faucheuse et faneuse, moissonneuse.

94. L'emploi des instruments perfectionnés présente de nombreux avantages :

1° Il diminue la main-d'œuvre, qui devient de plus en plus rare en agriculture et dont le prix s'élève sans cesse ;

2° Il permet de faire le travail d'une façon souvent plus parfaite ;

3° La besogne est effectuée beaucoup plus rapidement et on peut ainsi profiter du moment le plus propice.

Le seul inconvénient qu'on puisse reprocher à ces machines, c'est d'être d'un prix trop élevé ; aussi, malgré les grands avantages qu'elles présentent, on ne peut et on ne doit pas les employer dans toutes les situations.

II. — CHOIX ET ACHAT DES MACHINES AGRICOLES

95. Quelle que soit la machine agricole que l'on ait à choisir, que ce soit l'outil le plus simple ou la machine la plus compliquée, il faut y apporter toute son attention, car *de la valeur de l'outil dépendent la rapidité et la perfection du travail.*

Pour les instruments aratoires, il faut tenir compte de l'habitude des ouvriers et de la nature du sol. Un ouvrier habitué à se servir d'un outil n'aime pas à en employer un différent. Tel instrument qui conviendra dans un terrain ne sera pas à sa place dans un autre.

96. Pour l'achat des machines perfectionnées, il faut s'adresser à des maisons de confiance. Elles vendent parfois un peu plus cher, mais il ne faut pas oublier qu'*un bon instrument coûte, en définitive, toujours moins qu'un mauvais.*

III. — ENTRETIEN DES MACHINES AGRICOLES

97. Il faut entretenir avec beaucoup de soin les machines agricoles, car, dit un proverbe, *la rouille use plus que le travail.*

Il faudra donc les soustraire autant que possible aux intempéries et les rentrer sous un hangar lorsqu'on ne s'en servira plus, après les avoir bien nettoyées et avoir graissé les pièces exposées à la rouille. Quelques soins bien compris suffisent pour réaliser des économies assez considérables. Ce sont là de petits détails auxquels le cultivateur doit veiller attentivement et pour lesquels il ne doit pas s'en rapporter aux ouvriers qui, n'y étant pas intéressés, les négligent le plus souvent.

IV. — PRINCIPALES MACHINES AGRICOLES

98. On peut diviser les machines agricoles en cinq groupes :

1° Machines servant à la préparation du sol ;

2° Machines destinées à répandre les engrais et les semences ;

3° Instruments de récolte ;

4° Machines utilisées pour préparer les récoltes ;

5° Appareils de transport

99. 1ᵉʳ GROUPE. — Machines servant à la préparation du sol. — Bêche et houe. — La *bêche* (*fig.* 55, A et B) et la *houe* (*fig.* 55, C) servent aux labours à la main. La bêche fournit un bon labour, mais le travail est long et pénible : c'est surtout un outil de jardinage.

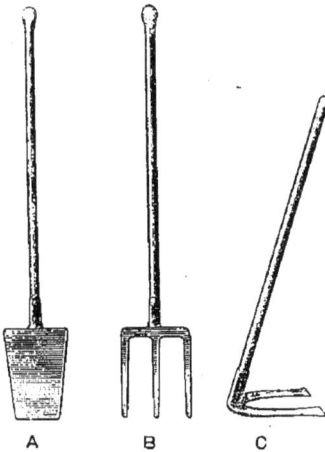

FIG. 55. — A, bêche ; B, fourche à bêcher ; C, houe à main.

100. Charrue. — En plein champ on laboure avec la *charrue*. La forme de cet instrument varie avec chaque contrée, mais partout on y retrouve les mêmes pièces, qui sont (*fig.* 56) :

Le **soc**, coupant la terre horizontalement ;

Le **coutre**, coupant la terre verticalement ;

Le **versoir**, qui sert à retourner la bande de terre coupée par le soc et par le coutre ;

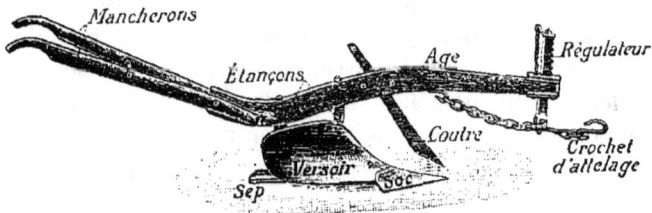

FIG. 56. — Les pièces de la charrue (araire en bois).

L'**âge**, qui supporte toutes les pièces de la charrue ;

Le **sep**, qui glisse au fond de la raie ;

Les **étançons**, qui relient le sep à l'âge, l'un à l'avant, l'autre à l'arrière ;

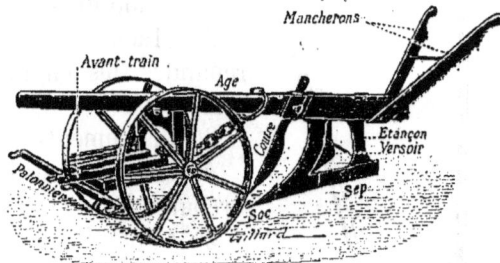

FIG. 57. — Charrue à avant-train en bois.

Les **mancherons**, destinés à maintenir la charrue ;

Le **régulateur**, qui sert à régler la profondeur et la largeur du labour.

On emploie tantôt des charrues sans roues appelées **araires** (*fig.* 56), tantôt des charrues portées par deux roues, qu'on nomme **charrues à avant-train** (*fig.* 57).

La *charrue Brabant double* (*fig.* 58), employée pour les labours à plat, est formée de deux corps de charrue situés l'un au-dessus de l'autre et ayant le versoir du même côté. Au

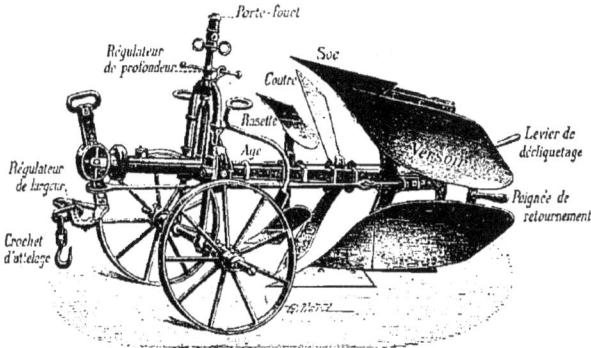

FIG. 58. — Charrue Brabant double.

bout du champ, on retourne la charrue sens dessus dessous pour pouvoir jeter la terre au retour du même côté qu'à l'aller.

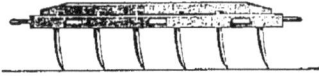

Une bonne charrue doit être solide, légère à la traction et fournir un bon labour.

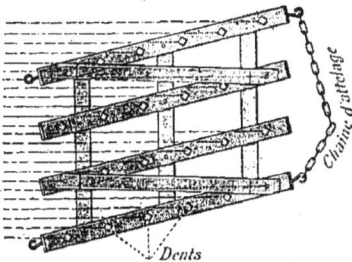

101. Herse. — La *herse* remue la surface du sol en l'émiettant et en la nivelant. Ce travail est effectué par des dents en fer qui sont fixées à un bâti en bois ou en fer.

Il y a bien des formes de herses. Les plus employées sont la *herse Valcourt* (*fig.* 59) et la *herse en fer articulée* (*fig.* 60).

FIG. 59. — Herse Valcourt. (En haut, vue de profil; en bas, vue en plan.)

102. Rouleaux. — Il y a deux sortes de rouleaux : les *rouleaux plombeurs* et les *rouleaux brise-mottes*.

Les rouleaux plombeurs (*fig.* 61) sont unis et lourds. Ils sont en bois, en pierre ou en fonte.

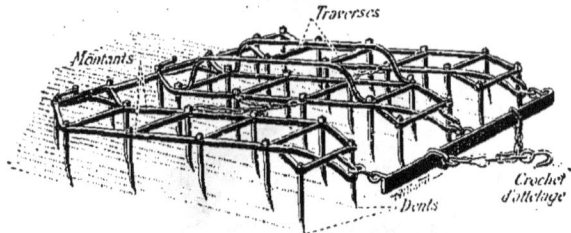

FIG. 60. — Herse articulée.

Les rouleaux brise-mottes (*fig.* 62), appelés aussi *Croskill*, sont formés de disques armés de dents qui divisent les mottes.

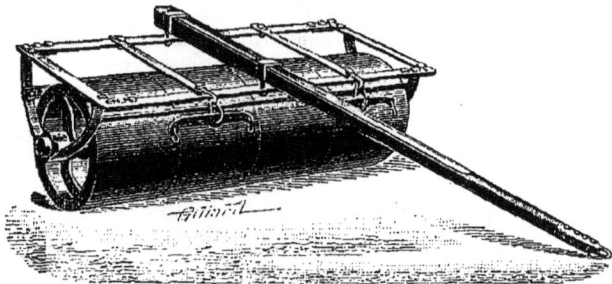

FIG. 61. — Rouleau plombeur en fonte.

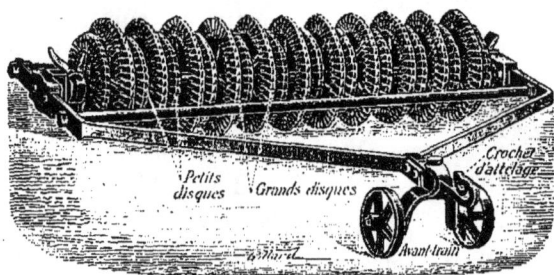

FIG. 62. — Rouleau brise-mottes ou Croskill.

103. Scarificateur. — Le *scarificateur* (*fig.* 63) est une sorte de herse très puissante. Il ameublit le sol sans le retourner. Il se compose d'un bâti portant des dents ovales et recourbées en avant.

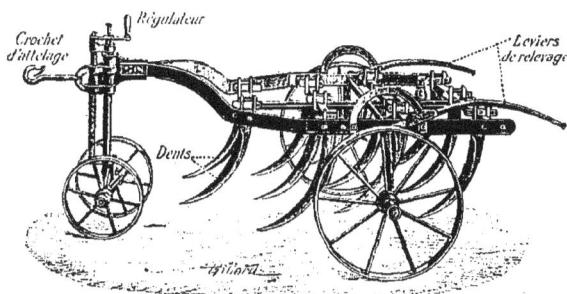

FIG. 63. — Scarificateur.

104. Houe à cheval. — La *houe* à cheval (*fig.* 64) sert à biner les plantes. C'est un bâti de bois portant des lames qui se déplacent horizontalement dans le sol à une faible profondeur. Ces lames passent entre les lignes des végétaux et coupent les mauvaises herbes.

FIG. 64. — Houe à cheval.

105. 2ᵉ GROUPE. — Machines servant à répandre les engrais et les semences. — Distributeurs d'engrais. — Pour produire de bons effets, les engrais chimiques doivent être répartis bien uniformément sur le sol, car s'ils sont trop abondants dans certains endroits, ils brûlent les plantes.

L'épandage à la main est long et pénible, aussi a-t-on imaginé des semoirs (*fig.* 65) pour répandre ces engrais.

Malheureusement, il n'existe pas encore d'instrument parfait pour effectuer ce travail.

La plupart des *distributeurs* fonctionnent bien quand l'en-

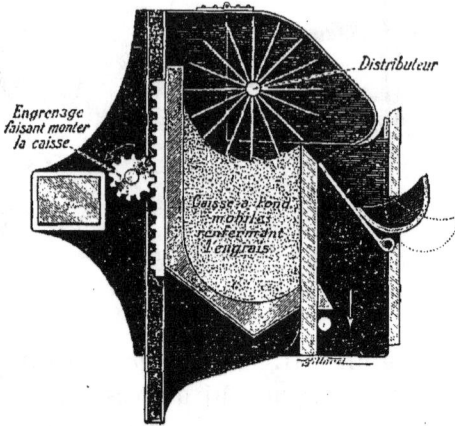

FIG. 65. — Distributeur d'engrais.

grais est en poudre sèche, mais s'il est humide, en grumeaux, alors tous fonctionnent plus ou moins mal.

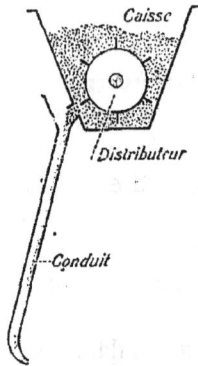

FIG. 66. — Les trois parties d'un semoir à graines.

On peut cependant, dans les exploitations importantes, se servir utilement de ces instruments, en ayant soin de bien préparer les engrais à l'avance, c'est-à-dire de les broyer finement et de les employer aussi secs que possible.

106. Semoirs à graines. — On emploie surtout pour semer les graines des *semoirs en lignes* (*fig.* 67).

Les *semis en lignes* présentent en effet de nombreux avantages, qui sont :

1° Économie de semences ;

2° Facilité des soins d'entretien ;

3° Meilleur éclairement des tiges ;

4° Rendement plus élevé.

Un semoir en lignes se compose de trois parties principales

FIG. 67. — Semoir en lignes.

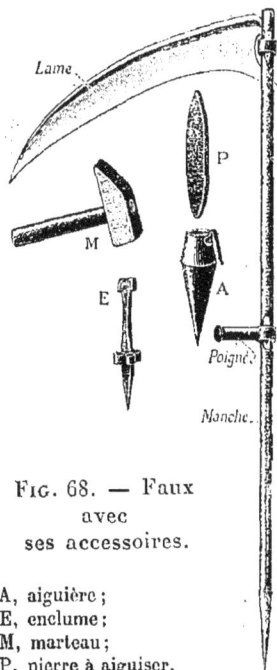

FIG. 68. — Faux
avec
ses accessoires.

A, aiguière ;
E, enclume ;
M, marteau ;
P, pierre à aiguiser.

(*fig.* 66) : une **caisse** pour mettre les graines ; un **distributeur** pour les projeter au dehors ; un **conduit** muni d'un *soc* pour les conduire dans le sol et les y enterrer.

107. 3ᵉ GROUPE. — Instruments de récolte. — Dans les petites exploitations, on se sert de la **faux** (*fig.* 68) pour couper les plantes fourragères et les céréales. C'est une lame courbe très mince, en acier, fixée à l'extrémité d'un long manche portant une poignée en son milieu. C'est un outil fatigant à manier.

Aussi dans les grandes fermes emploie-t-on la **faucheuse**

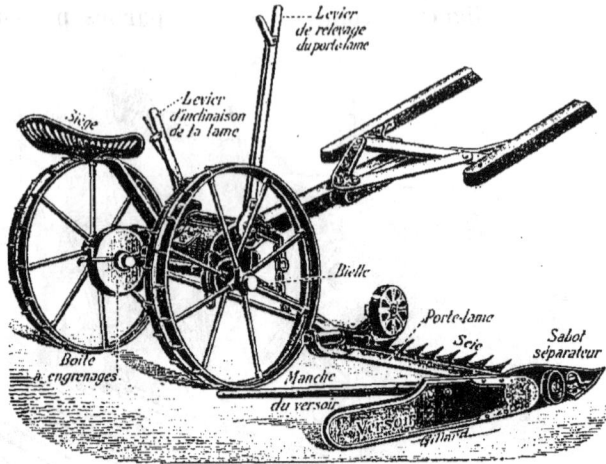

FIG. 69. — Faucheuse.

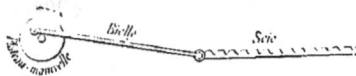

FIG. 70. — La scie de la faucheuse (détail du fonctionnement).

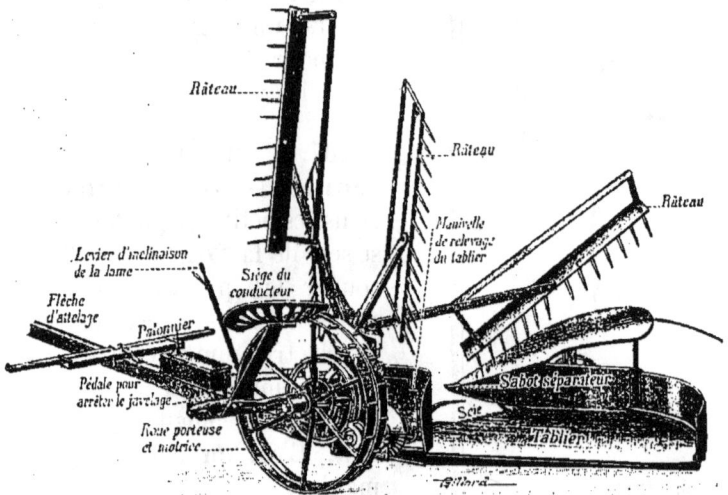

FIG. 71. — Moissonneuse simple.

(*fig.* 69 et 70) pour couper les plantes fourragères, la **moissonneuse** (*fig.* 71) pour couper les céréales, et parfois

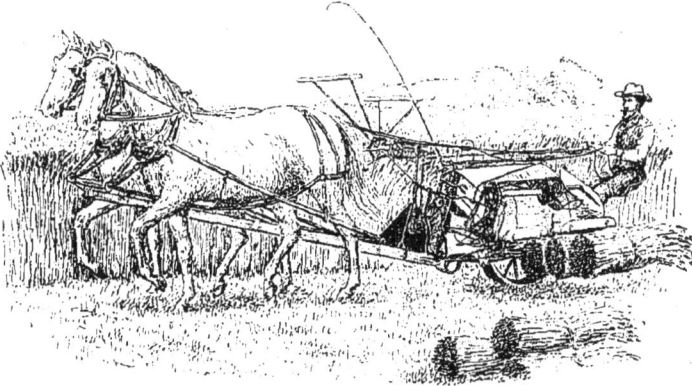

Fig. 72. — Moissonneuse-lieuse.

même la **moissonneuse-lieuse** (*fig.* 72) qui, en outre, fait et lie les gerbes. Ces instruments sont traînés par des chevaux

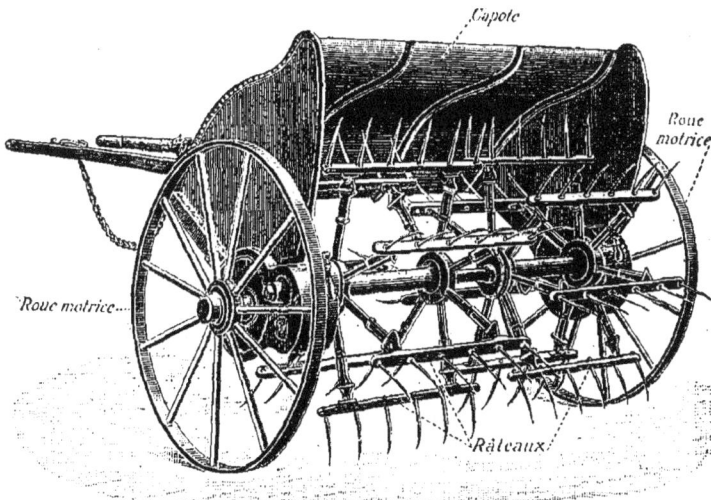

Fig. 73. — Faneuse.

ou des bœufs et leur travail est très rapide. C'est une scie animée d'une grande vitesse qui opère la coupe des plantes.

108. La *faneuse* (*fig.* 73) sert à étendre et à retourner le foin pour hâter sa dessiccation. Dans les petites exploitations, cette opération se fait à la main à l'aide de fourches.

109. Un instrument très utile et qui devrait se trouver même dans les petites fermes, c'est le **râteau à cheval** (*fig.* 74). Il sert à rassembler le soir le fourrage en *andains*

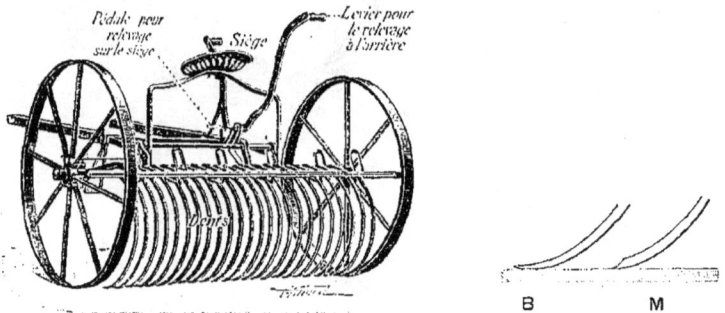

FIG. 74. — Râteau à cheval.
B, dent bien faite ; M, dent mal faite.

pour que la rosée de la nuit ne mouille pas le foin, et à ramasser les épis qui ont échappé aux moissonneurs. L'emploi de cet instrument permet de réaliser une grande économie de main-d'œuvre, car le râtelage avec les *râteaux à main* est très long.

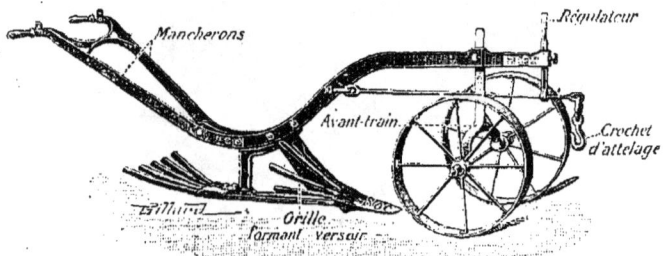

FIG. 75. — Arracheur de pommes de terre.

110. Dans la petite culture, on arrache les pommes de terre avec la *houe à main* et les betteraves avec la main ou avec une petite bêche; mais dans la grande culture où l'on **possède** de vastes étendues de ces plantes sarclées, on a recours à des instruments spéciaux. Ce sont :

L'arracheur de pommes de terre (*fig.* 75), sorte de charrue sans versoir qui passe sous les lignes et soulève les tubercules ;

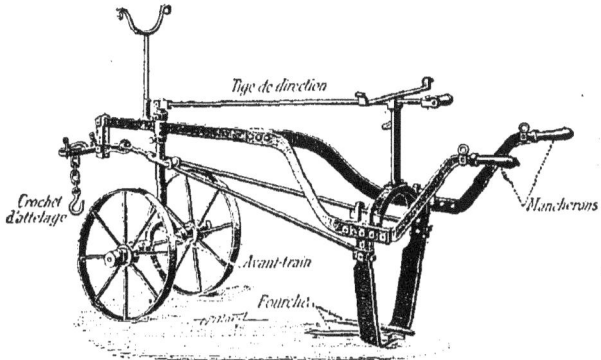

FIG. 76. — Arracheur de betteraves.

L'arracheur de betteraves (*fig.* 76), instrument qui saisit les betteraves entre deux griffes et les tire du sol.

111. 4ᵉ GROUPE. — **Machines utilisées pour préparer les récoltes**. — La plus importante est la *machine à battre* (*fig.* 77), qui sert à extraire les grains de leur enveloppe. Elle a remplacé presque partout le *fléau* (*fig.* 78), lame en bois fixée à l'extrémité d'un manche, à l'aide duquel on battait les céréales pour faire sortir le grain. C'était un travail long et pénible. Au contraire, avec la machine à battre, le travail est extrêmement rapide.

Cette machine est mue tantôt par des chevaux, tantôt par la vapeur.

112. Pour séparer les graines des impuretés auxquelles elles sont mélangées, on emploie le *tarare* et le *trieur*.

Le *tarare* sépare les matières qui sont plus légères que le grain : les balles, les pailles, la poussière.

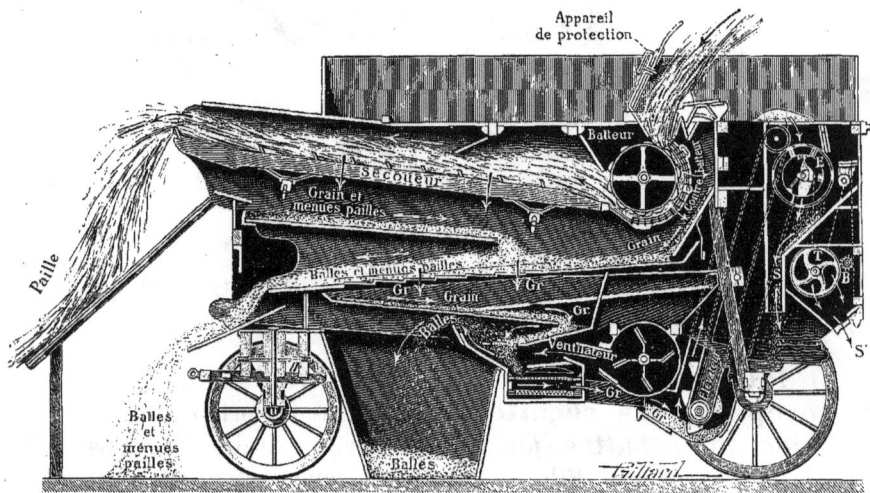

FIG. 77. — Machine à battre à vapeur.

FIG. 78. — Battage au fléau.

Le *trieur* (*fig.* 79) enlève du grain sortant du tarare

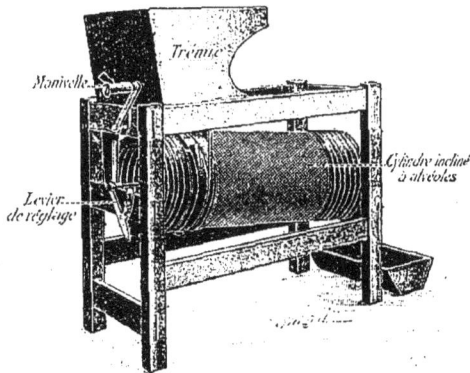

FIG. 79. — Trieur à alvéoles.

toutes les graines étrangères, qui sont plus grosses ou plus petites, et les petits grains de mauvaise qualité. Il est très

important de trier les grains employés comme semences,
afin d'éliminer les graines de mauvaises herbes et de n'utiliser
que les grains les plus gros et les plus lourds, qui donnent
des récoltes plus abondantes (n° 11).

FIG. 80. — Concasseur.

113. Avant de faire consommer les grains aux animaux, on
les écrase avec un **concasseur** (*fig.* 80). On facilite ainsi
la digestion de ces aliments.

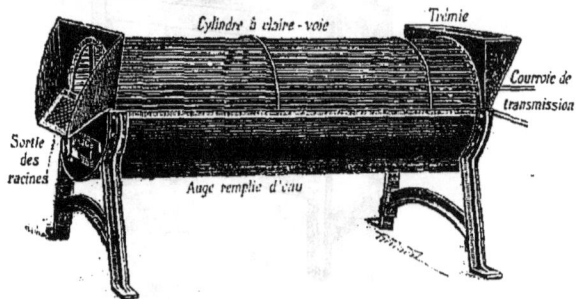

FIG. 81. — Laveur de racines.

114. Il faut nettoyer les racines : betteraves, carottes, etc.,
et les réduire en morceaux pour les donner aux bestiaux. On

effectue ces travaux à l'aide

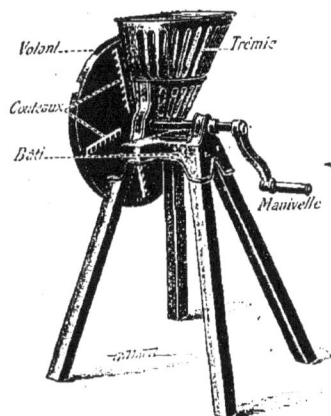

Fig. 82. — Coupe-racines.

d'un *laveur* de **racines** (*fig.* 81) et d'un **coupe-racines** (*fig.* 82).

115. Le *hache-paille* (*fig.* 83) sert à diviser les fourrages. La division du foin n'a d'utilité que lorsque les animaux n'ont plus les dents en assez bon état pour bien mâcher le fourrage. On hache la paille pour la mélanger aux racines ou bien aux pulpes de sucrerie et de distillerie.

Fig. 83. — Hache-paille.

116. 5ᵉ GROUPE. — **Appareils de transport**. —

FIG. 84. — Charrette.

On se sert en agriculture, pour les transports, de *charrettes* et de *tombereaux*.

FIG. 85. — Tombereau.

Les **charrettes** (*fig.* 84) servent au transport des fourrages et des céréales. Leur forme varie suivant les contrées. Elles sont à deux ou à quatre roues et traînées tantôt par des chevaux, tantôt par des bœufs.

Les **tombereaux** (*fig.* 85) servent au transport du fumier, des racines et des tubercules.

RÉSUMÉ

Les *machines agricoles* sont les instruments qui servent à effectuer les travaux de la ferme.

Avantages des instruments perfectionnés. — Les *instruments perfectionnés* sont ceux qui suppléent en grande partie le travail de l'homme. Leur emploi diminue la main-d'œuvre et permet de faire le travail d'une façon plus parfaite.

Choix et achat. — Il faut choisir de bonnes machines, solides, bien construites et bien appropriées au sol et au genre de culture.

Entretien. — Les machines agricoles doivent être entretenues avec soin, car « *la rouille use plus que le travail* ». Avant de les mettre à l'abri, il faut les nettoyer et graisser les pièces exposées à la rouille.

Classification. — On peut classer les machines agricoles de la façon suivante :

1° *Machines servant à la préparation du sol....* { Bêche, houe, charrue, herse, rouleau. Scarificateur, houe à cheval.

2° *Machines servant à répandre les engrais et les semences.........* { Distributeurs d'engrais. Semoirs à la volée, semoirs en lignes.

3° *Instruments de récolte.* { Faucheuse, moissonneuse simple, moissonneuse-lieuse. Faneuse, râteau à cheval. Arracheur de betteraves et de pommes de terre.

4° *Machines utilisées pour préparer les récoltes..* { Fléau, machine à battre, tarare, trieur, **concasseur**, laveur de racines, coupe-racines, **hache-paille**.

5° *Machines de transport* : Charrette, tombereau.

SUJETS DE DEVOIRS

1. Indiquer quels sont les avantages des instruments perfectionnés que vous connaissez et dire à quoi ils servent.

2. Pourquoi et comment faut-il entretenir les machines agricoles ?

3. Quels sont les outils et les machines employés pour la récolte des plantes fourragères ?

4. Énumérer les diverses pièces d'une charrue. — Rappeler les différents effets des labours.

(C. E. P.)

CHAPITRE VII

ÉTUDE DES PLANTES CULTIVÉES

117. Les plantes que l'on cultive en France peuvent se classer de la façon suivante :

1° Céréales ;
2° Plantes fourragères ;
3° Plantes sarclées ;
4° Plantes industrielles ;
5° Plantes arbustives ;
6° Plantes potagères ;
7° Plantes d'agrément.

I. — CÉRÉALES

SOMMAIRE :

Caractères.....
{
Racines fasciculées.
Tige creuse appelée chaume.
Feuilles engainantes.
Inflorescence en épi ou en panicule.
Fruit entouré des glumes et des glumelles.
}

Exigences.

Fumure.

Semailles.

Soins d'entretien.

Récolte........
{
Coupe.
Mise en gerbes.
Battage.
}

Rendement.

Insectes nuisibles et maladies cryptogamiques.

118. On désigne sous le nom de ***céréales*** un certain nombre de plantes de la famille des *graminées*, cultivées surtout pour leurs graines qui servent à la nourriture de l'homme et des animaux. Ces plantes sont : le *blé*, le *seigle*, l'*orge*, l'*avoine*, le *maïs*, le *millet*, le *riz*. On leur ajoute le *sarrasin*, qui appartient à la famille des *polygonées*.

119. Caractères. — Les *céréales*, comme toutes les plantes de la famille des graminées, ont des **racines fasciculées**, c'est-à-dire formées d'un grand nombre de radicelles qui partent de la base de la tige pour se ramifier dans le sol (*fig.* 86, B). Ces racines puisent donc leur nourriture à la surface du sol, mais à mesure que les plantes se développent, des radicelles très fines s'enfoncent dans le sous-sol pour y prendre l'eau et les aliments qui font défaut à la surface. Ces radicelles pénètrent à un mètre et plus de profondeur (V. *fig.* 44, p. 27).

La **tige** des céréales est creuse et présente de distance en distance des nœuds pleins : c'est un **chaume** (*fig.* 86, B). Elle doit sa rigidité à des faisceaux de fibres douées d'une grande résistance.

Si les tiges sont insuffisamment éclairées, ces faisceaux se développent mal et par suite les tiges manquent de solidité ; la céréale verse sous l'action des pluies et du vent. C'est ce qui arrive quand on sème trop dru et que les tiges sont trop serrées.

Chaque graine donne naissance à plusieurs tiges. Ces tiges sont désignées sous le nom de **talles** et cette propriété de la graine s'appelle le *tallage*.

Les **feuilles** des graminées sont **engainantes** (*fig.* 88), c'est-à-dire qu'à leur base elles entourent la tige sur une certaine longueur. Au point de jonction de la tige et du limbe de la feuille se trouve une petite collerette qu'on appelle la *ligule*. La forme de cette ligule permet de distinguer les jeunes céréales les unes des autres.

L'**inflorescence** des céréales est tantôt un **épi** comme dans le blé (*fig.* 89), le seigle, l'orge, tantôt un **panicule** comme dans l'avoine (*fig.* 90).

Le **fruit** est entouré par deux bractées membraneuses qu'on appelle les *glumelles*, qui sont elles-mêmes recouvertes par les *glumes* (*fig.* 87). Quelquefois la glumelle se continue par une arête comme dans les blés barbus, l'orge, le seigle, l'avoine, etc.

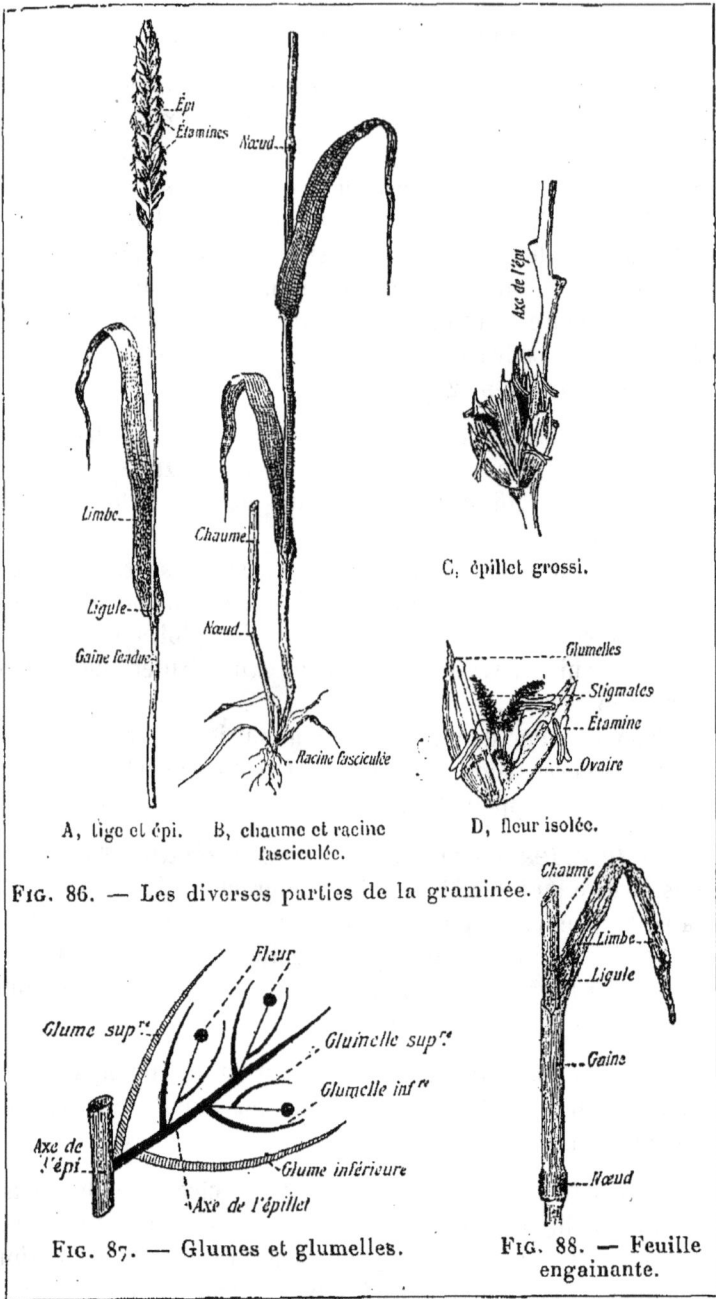

Épi
Étamines
Nœud

Limbe
Chaume

Ligule
Nœud
Gaine fendue

Racine fasciculée

Axe de l'épi

C, épillet grossi.

Glumelles
Stigmates
Étamine

Ovaire

A, tige et épi.   B, chaume et racine
fasciculée.

D, fleur isolée.

FIG. 86. — Les diverses parties de la graminée.

Fleur

Glume sup^re

Glumelle sup^re

Glumelle inf^re

Axe de
l'épi

Glume inférieure

Axe de l'épillet

FIG. 87. — Glumes et glumelles.

Chaume
Limbe
Ligule

Gaine

Nœud

FIG. 88. — Feuille
engainante.

LES CÉRÉALES (LE BLÉ)

120. Exigences des céréales. — Les racines des céréales étant fines et grêles, ces plantes exigent toutes un sol bien ameubli et bien préparé; aussi fait-on toujours, au préalable, un labour profond, suivi de façons superficielles **avant** les semailles.

FIG. 89. — Épi de blé.
(A, vu de face ; B, vu de profil.)

FIG. 90. — Panicule
d'avoine.

Au point de vue de l'humidité et de la fertilité du sol, chacune de ces plantes a ses exigences particulières. Ainsi le *blé* et le *maïs* demandent des sols profonds, frais et fertiles, tandis que le *seigle* et le *sarrasin* donnent parfois d'assez bons rendements dans des sols légers, secs et de médiocre qualité.

Le *blé* exige un sol **bien rassis**, exempt de vides, tandis que l'*avoine* au contraire réussira très bien sur un sol qui vient d'être défriché.

Le *blé* ne craint pas les mottes; l'*orge*, au contraire, demande à être semée dans la poussière.

121. Fumure. — Il faut fumer abondamment les céréales si l'on veut en obtenir de bons rendements. Il y a cependant une limite à observer dans les terres fertiles, car une fumure trop abondante provoque la *verse*.

On applique ordinairement la fumure à la culture précédente si cette culture est une plante sarclée ou industrielle, mais il est bon d'ajouter au printemps des engrais chimiques pour stimuler la végétation là où elle semble languir.

122. Semailles. — Les semailles des céréales se font à l'automne pour les **céréales d'automne :** *blé, seigle, avoine d'hiver, orge escourgeon d'hiver*, et au printemps pour les **céréales de printemps :** *orge* et *avoine de printemps, maïs, millet, sarrasin*. L'époque des semailles varie avec les régions et avec la nature des terres.

Les semailles peuvent se faire à la volée, mais il est bien préférable de les faire au *semoir en lignes*, car on réalise une économie de semences et les plantes sont espacées plus régulièrement et mieux éclairées.

123. Soins d'entretien. — *Toutes les céréales redoutent les mauvaises herbes :* c'est pour cela qu'il faut les cultiver sur un sol bien nettoyé et de préférence après une plante sarclée. Il est en outre quelquefois nécessaire de leur faire subir des *sarclages* au printemps pour enlever les mauvaises herbes, dont les plus communes sont : la **nielle des blés** (*fig.* 92), le **bleuet** (*fig.* 93), la **renoncule** (*fig.* 95), le **coquelicot** (*fig.* 96), l'**ivraie enivrante**, pour les *blés ;* le **chardon** (*fig.* 91), la **moutarde sauvage** (*fig.* 94), la **ravenelle** pour les *orges* et les *avoines*.

124. Récolte. — La récolte des céréales comprend trois opérations :

> la coupe;
> la mise en gerbes ;
> le battage.

125. La **coupe** se fait à la *faux* dans les petites exploitations, à la *moissonneuse* dans les grandes fermes. On peut

FIG. 92.
Nielle.

FIG. 93.
Bleuet.

FIG. 94.
Moutarde sauvage.

FIG. 91. — Chardon.

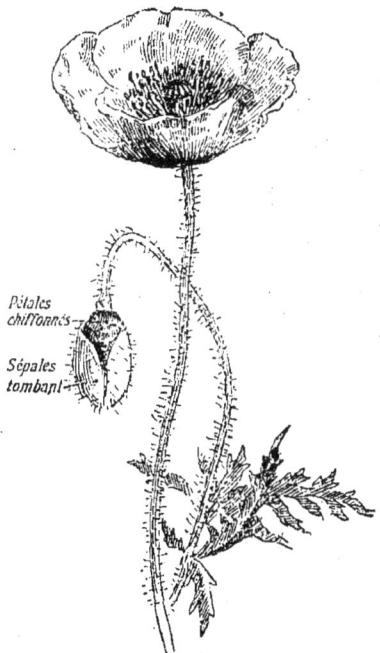

Pétales
chiffonnés

Sépales
tombant

FIG. 95. — Renoncule bulbeuse.

FIG. 96. — Coquelicot.

PLANTES NUISIBLES AUX CÉRÉALES

employer la moissonneuse simple ou la moissonneuse-lieuse. Cette dernière coupe les céréales et les met en gerbes.

126. La *mise en gerbes* se fait aussitôt après la coupe pour le blé et pour l'orge, mais il est bon de laisser l'avoine pendant quelques jours en *javelles* sur le sol. Quant au maïs, on coupe d'abord les épis à la main et on enlève ensuite les tiges.

Les gerbes ne sont pas rentrées immédiatement. On les met en *moyettes* (*fig.* 97) pour achever leur dessiccation.

FIG. 97. — Moyette.

127. Le *battage des céréales* se faisait autrefois au *fléau*. Aujourd'hui on emploie partout la *machine à battre*, mue tantôt par des chevaux, tantôt par la vapeur.

Les machines à battre à vapeur nettoient les céréales. Quand on emploie les machines à manège, on est obligé de nettoyer les graines avec un tarare.

128. Rendement des céréales. — Le rendement des céréales varie beaucoup, mais, d'une manière générale, le rendement moyen est assez faible en France. *Pour augmenter ce rendement, il faut choisir de bonnes semences, améliorer les façons culturales, employer judicieusement les engrais chimiques.*

129. Insectes utiles et nuisibles et maladies cryptogamiques. — Parmi les insectes qui nous entourent, il en est quelques-uns qui sont les *auxiliaires* du cultivateur, mais beaucoup sont des ennemis acharnés des récoltes.

130. Comme auxiliaires, le cultivateur peut compter les
carabes (*fig.* 98), les ***staphylins*** (*fig.* 99), les ***cicindèles***

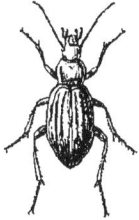

FIG. 98.
Carabe doré.

FIG. 99.
Staphylin.

FIG. 100.
Cicindèle champêtre.

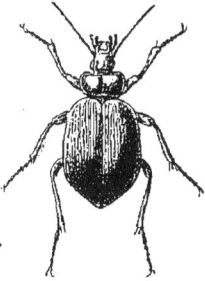

FIG. 101.
Calosome
sycophante.

FIG. 102.
Lampyre noctiluque
(ver luisant).

FIG. 103.
Nécrophore.

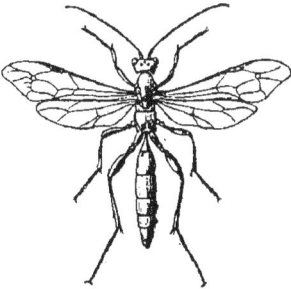

FIG. 104.
Ichneumon.

FIG. 105.
Coccinelle.

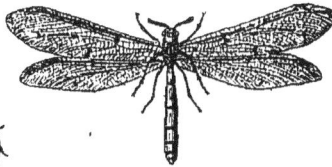

FIG. 106.
Fourmi-lion.

INSECTES UTILES AUX CÉRÉALES

(*fig.* 100), les ***calosomes*** (*fig.* 101), insectes carnassiers
qui font la chasse aux insectes nuisibles ; les ***lampyres*** ou

vers luisants (*fig.* 102), les **nécrophores** (*fig.* 103) et les **ichneumons** (*fig.* 104), qui pondent leurs œufs dans le corps de divers insectes que leurs larves détruisent ; les **coccinelles** (*fig.* 105), qui font une guerre acharnée aux pucerons ; le **fourmi-lion** (*fig.* 106) qui, caché au fond d'un entonnoir creusé dans le sable, guette les fourmis dont il fait sa proie.

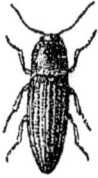

FIG. 107. — Taupin.

FIG. 108.
Charançon du blé (grossi).

FIG. 109. — Teigne des grains.

INSECTES NUISIBLES AUX CÉRÉALES

131. Parmi ceux qui causent les plus grands dégâts aux céréales, il faut citer le **taupin** (*fig.* 107), dont la larve dévore les racines des jeunes céréales ; le **charançon du blé** (*fig.* 108), petit insecte brun qui vit dans les greniers et dont la larve creuse les grains de blé en ne laissant que l'enveloppe ; la **teigne des grains** (*fig.* 109), petit papillon de couleur grise, dont la chenille ronge les grains dans les greniers ; l'**alucite des céréales**, qui cause les mêmes dégâts que la teigne ; la **cécidomye du blé**, sorte de petite mouche jaune, déposant ses œufs sur les épis de blé qui sont alors rongés après l'éclosion des larves.

132. On désigne sous le nom de **maladies cryptogamiques** celles qui sont provoquées par des *champignons*, ordinairement très petits et visibles seulement au microscope. Celles qui s'attaquent aux céréales sont : la **rouille** (*fig.* 110), qui envahit la paille et le grain et cause parfois de grands dégâts ; l'**ergot** (*fig.* 111), qui transforme le grain de seigle en une matière noire très dure et vénéneuse ; le **charbon**

(*fig.* 112), qui attaque l'épi et transforme la farine contenue dans les
grains en une poussière noire; la
carie (*fig.* 113), qui affecte également le grain et produit à peu près
les mêmes effets que le charbon.

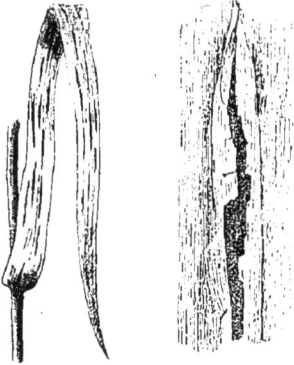

FIG. 110. — Rouille du blé
(on voit à droite une tache
grossie).

A, appareil B, épi envahi
à spores. par les ergots.
FIG. 111. — Ergot du seigle.

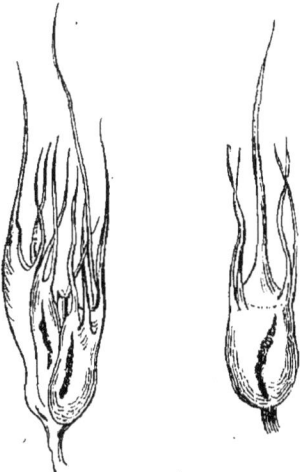

FIG. 112. — Charbon de l'orge.   FIG. 113. — Carie du blé.

MALADIES DES CÉRÉALES

II. — **PLANTES FOURRAGÈRES**

SOMMAIRE :

133. Les *plantes fourragères* sont celles qui constituent la base de l'alimentation du bétail.

Elles sont nombreuses, mais toutes ne conviennent pas au même climat, au même sol; elles n'ont pas toutes la même valeur alimentaire et ne donnent pas leur produit à la même époque. Il faut cultiver les meilleures parmi celles qui sont appropriées à la région où l'on se trouve et combiner leur culture de façon à avoir le plus longtemps possible du fourrage vert à la ferme, car c'est la meilleure nourriture pour les animaux domestiques.

134. Les plantes cultivées comme fourrages appartiennent presque toutes à la famille des *légumineuses* et à celle des *graminées*.

Légumineuses fourragères.

135. Caractères. — On désigne sous le nom de *légumineuses* des plantes dont le fruit est une *gousse* (*fig.* 114), c'est-à-dire est formé de plusieurs graines renfermées dans une enveloppe s'ouvrant par deux valves comme dans le *pois*, le *haricot*. La fleur de ces plantes est formée de 5 sépales, de 5 pétales et de 10 étamines dont 9 réunies en un seul faisceau et une libre. Cette fleur, qui a une forme particulière, est dite **papilionacée** (*fig.* 115).

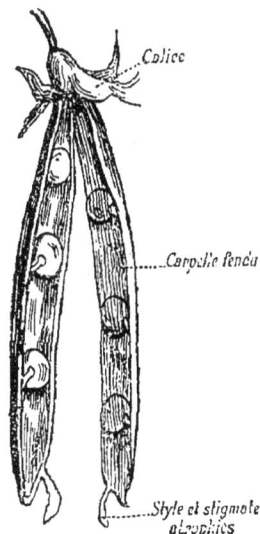

Les *légumineuses fourragères* ont des racines très développées qui pénètrent dans le sol à une grande profondeur. Celles de

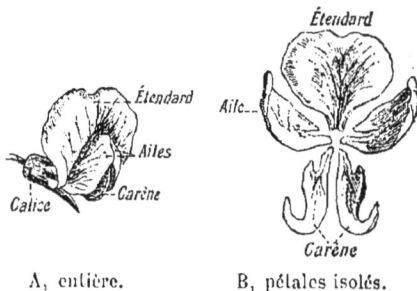

FIG. 114. — Gousse
des légumineuses (pois).

FIG. 115. — Fleur papilionacée
des légumineuses (pois).

la luzerne vont jusqu'à 1 mètre ; celles du sainfoin, jusqu'à 1^m,50 et plus. Ces plantes puisent donc une grande partie de leur nourriture dans les profondeurs du sol et peuvent ainsi profiter des aliments qui ont été entraînés dans le sous-sol.

Pendant les premiers mois de leur croissance, les légumineuses développent d'abord leurs racines, tandis que leur tige et leurs feuilles poussent très lentement. Par conséquent, elles ne couvrent pas le sol et les mauvaises plantes peuvent s'y développer. *Un sol propre est une condition nécessaire à la réussite de leur culture.*

Toutes les plantes de cette famille peuvent se nourrir de l'azote de l'air, grâce à la présence de petits renflements

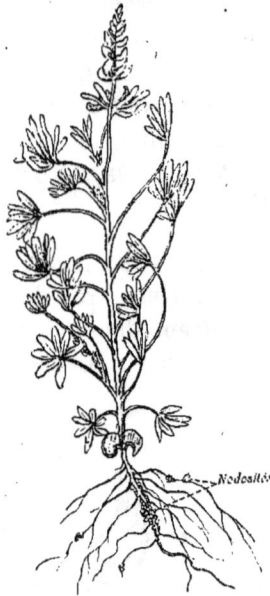

FIG. 116. — Nodosités
des légumineuses.

appelés **nodosités** (*fig*. 116) qui se trouvent sur leurs racines.

Ces nodosités renferment de petits êtres, des **microbes** (*fig*. 19, p. 17), qui s'emparent de l'azote pour le fournir à la plante. *Il n'est donc pas besoin d'apporter d'engrais azotés aux légumineuses*, mais en revanche ces plantes réclament beaucoup d'*acide phosphorique*, de *potasse* et de *chaux*. Il faut leur fournir ces substances au moyen des engrais chimiques.

136. Prairies artificielles. — Les principales légumineuses cultivées comme fourrages, et qui constituent les *prairies artificielles* ou *temporaires* sont :

FIG. 117. — **Luzerne.**

FIG. 118. — Sainfoin.

La *luzerne* (*fig.* 117), qui donne un produit abondant et de très bonne qualité, mais qui exige une terre profonde, assez fertile, ne renfermant pas un excès d'humidité. Cette plante peut donner des rendements élevés pendant 5 à 6 ans ;

Le *sainfoin* (*fig.* 118), qui est en quelque sorte la luzerne des terres calcaires, dans lesquelles il donne de bons rendements parce que ses racines peuvent pénétrer dans les fentes de la roche calcaire et y puiser l'humidité nécessaire à la végétation. Il peut durer de 4 à 5 ans, mais à condition de ne pas le faire pâturer, car les rejets de la plante poussent au-dessus du sol et sont coupés par les animaux ;

Le *trèfle des prés* (*fig.* 119), qui est une des meilleures légumineuses ; il ne redoute pas l'humidité comme la luzerne. On lui associe souvent une graminée, le ray-grass d'Italie. Le trèfle ne dure qu'un an ;

Fig. 119. — Tige de trèfle des prés.   Fig. 120. — Trèfle incarnat.

Le *trèfle incarnat* (*fig.* 120), cultivé comme fourrage vert. Il donne de bonne heure au printemps un fourrage de bonne qualité. C'est une plante du Midi qui ne réussit dans le nord-ouest de la France qu'à la condition d'être semée dès le mois d'août;

La *luzerne lupuline* ou *minette* (*fig*. 121), cultivée comme plante de pâture. Elle est peu exigeante et se contente de terrains pauvres et secs;

Les **vesces**, qui donnent du fourrage vert en avril et mai. Si la récolte est trop abondante, on peut faire sécher le surplus;

L'*ajonc*, quelquefois cultivé et utilisé comme fourrage. Ses tiges broyées constituent un très bon aliment pour les chevaux pendant la saison d'hiver.

Graminées fourragères et prairies naturelles.

Fig. 121.
Luzerne lupuline.

137. Nous avons vu, en étudiant les céréales (n° 119), quels étaient les principaux caractères et le mode de végétation des graminées.

Les *graminées fourragères* sont rarement cultivées seules; elles donneraient un fourrage de mauvaise qualité. On les mélange quelquefois aux légumineuses pour en augmenter le rendement; ainsi on associe le *ray-grass*, l'*avoine élevée*, la *fétuque des prés* au *trèfle*, mais c'est surtout dans les **prairies naturelles** que l'on rencontre les graminées fourragères.

138. Prairies naturelles. — On désigne sous le nom de *prairies naturelles* ou *permanentes* les terrains plantés d'un mélange de plusieurs plantes vivaces de la famille des légumineuses et de celle des graminées. On les appelle encore **prés, herbages** ou **pâtures**.

Les plantes des prairies sont nombreuses. Celles qui sont

les meilleures et qu'il faut y planter sont : parmi les légumineuses, le *trèfle des prés* (*fig.* 119), le *trèfle hybride*, le
trèfle blanc, la *lupuline* (*fig.* 121), le *lotier corniculé;*

FIG. 122. FIG. 123. FIG. 124. FIG. 125. FIG. 126.
Fléole Vulpin Dactyle Ray-grass Flouve
des prés. des prés. pelotonné. d'Italie. odorante.

GRAMINÉES DES PRAIRIES

parmi les graminées, la *fléole des prés*, le *vulpin des prés*,
le *dactyle pelotonné*, le *ray-grass d'Italie* et le *ray-grass
anglais*, la *flouve odorante*, le *paturin*, la *fétuque des prés*,

la *houlque laineuse*, le *brome des prés*, la *crételle*, l'*avoine élevée* (*fig*. 122 à 133).

Ces plantes ne conviennent pas toutes aux mêmes sols. Il faudra donc varier la composition des semences suivant la nature du terrain.

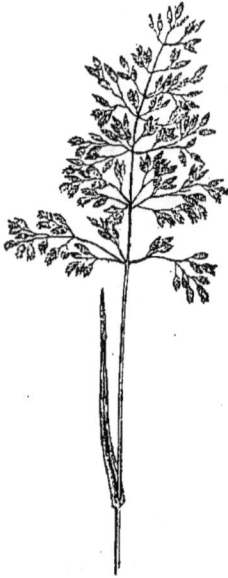

FIG. 127.	FIG. 128.	FIG. 129.
Paturin des prés.	Fétuque des prés.	Ray-grass anglais.

GRAMINÉES DES PRAIRIES (*suite*).

139. Création des prairies. — C'est dans les terres fortes et humides, dans celles situées au bord des cours d'eau, dans celles que l'on peut facilement arroser que l'on doit créer des prairies.

Il est nécessaire de bien préparer le sol, de bien le nettoyer et de bien émietter la terre, car les graines de foin sont petites et doivent être enterrées peu profondément. Le terrain doit être ameubli comme celui d'un jardin.

Mais cela ne suffit pas pour réussir. *Il faut encore et surtout semer de bonnes graines.* Or beaucoup de cultivateurs se servent comme semences de **fenasses** ou *fleurs de*

Fig. 130.
Houlque
laineuse.

Fig. 131.
Brome
des prés.

Fig. 132.
Crételle
des prés.

Fig. 133.
Avoine
élevée.

GRAMINÉES DES PRAIRIES (*suite*).

foin; ce sont des graines qu'on trouve au fond des greniers à foin. Vous comprenez que ces semences renferment, outre quelques *bonnes graines,* de *mauvaises graines,* des *graines non mûres* et des *matières inertes.* En se servant de ces fenasses, on ne sait donc pas quelles plantes on confie au sol ; on opère absolument au hasard. Si le résultat est bon, tant mieux, mais le plus souvent il est mauvais et si on ne recommence pas la plantation en se servant de bonnes graines, on ne récoltera que de mauvais foin.

Pour être sûr d'obtenir un bon résultat, il faut acheter séparément, chez un grainetier, les graines qui conviennent le mieux au sol sur lequel on veut établir la prairie. On mélange d'une part les graines lourdes, d'autre part les graines légères, et on opère les semailles à deux reprises différentes.

140. Soins d'entretien. — Il faut apporter aux prairies, comme engrais, du purin, des composts, des scories sur les prés bas et humides, des superphosphates sur les prairies plus sèches.

Il faut détruire les mauvaises plantes en hersant fortement les prairies au printemps et en empêchant les grandes herbes de monter à graines. Les engrais phosphatés, les cendres, la suie favorisent la disparition des mauvaises plantes. Il en est de même du drainage et des irrigations.

Les plantes les plus nuisibles sont : l'*angélique* (*fig.* 134), la **berce branc-ursine** (*fig.* 135), le **jonc** (*fig.* 136), les **carex** (*fig.* 137 et 138), la **canche**, le **colchique d'automne** (*fig.* 139).

Autres plantes fourragères.

141. Outre les légumineuses et les graminées que nous venons d'étudier, il existe encore un certain nombre de plantes utilisées comme fourrages ; ce sont : le **seigle** qui donne de très bonne heure au printemps un fourrage vert abondant, le **pois**, le **navet**, la **moutarde**, le **maïs**, semés comme *cultures dérobées*, c'est-à-dire entre deux plantes de l'assolement.

Récolte des plantes fourragères.

142. On coupe les plantes fourragères à la *faux* (*fig.* 68) ou à la *faucheuse* (*fig.* 69), puis on les étend pour les faire sécher. La luzerne, le trèfle, le sainfoin doivent être remués

FIG. 134. — Angélique.

FIG. 135. — Berce branc-ursine.

FIG. 136.
Jonc.

FIG. 137.
Carex des rives.

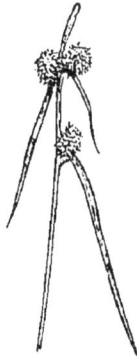

FIG. 138.
Carex jaune.

FIG. 139.
Colchique.

PLANTES NUISIBLES AUX PRAIRIES

avec précaution, car leurs feuilles se détachent facilement. Or dans une plante fourragère ce sont les feuilles qui renferment la plus grande proportion de principes nutritifs. Quant au foin, on peut le remuer davantage, et dans les grandes exploitations on se sert de la *faneuse* (*fig.* 73) pour l'étendre et le retourner. On le rassemble le soir en tas à l'aide du *râteau à cheval* (*fig.* 74).

Ensilage.

143. On peut conserver les fourrages verts : maïs, trèfle incarnat, regain, etc., en les entassant, dès qu'ils sont coupés et alors qu'ils sont encore bien humides, dans un local où on les presse fortement : c'est l'**ensilage**. Cette pratique est excellente et permet d'avoir du fourrage vert pendant la mauvaise saison.

III. — PLANTES SARCLÉES

SOMMAIRE :

Betterave............ { fourragère.
{ à sucre.
{ de distillerie.

Carotte fourragère.

Pomme de terre..... { Utilisation.
{ Principes à observer pour obtenir d'abondantes récoltes.
{ Soins d'entretien et récolte.

Topinambour.

Insectes nuisibles et maladies cryptogamiques.

144. On désigne sous le nom de **plantes sarclées** celles qui, pendant le cours de leur végétation, sont l'objet de soins d'entretien ayant pour but de détruire les mauvaises herbes et de maintenir le sol meuble.

Les principales plantes sarclées cultivées en France sont : la *betterave*, la *carotte*, la *pomme de terre*, le *topinambour*.

145. Betterave. — On cultive des *betteraves four-ragères* (*fig*. 140 à 142) dont les racines servent à l'ali-

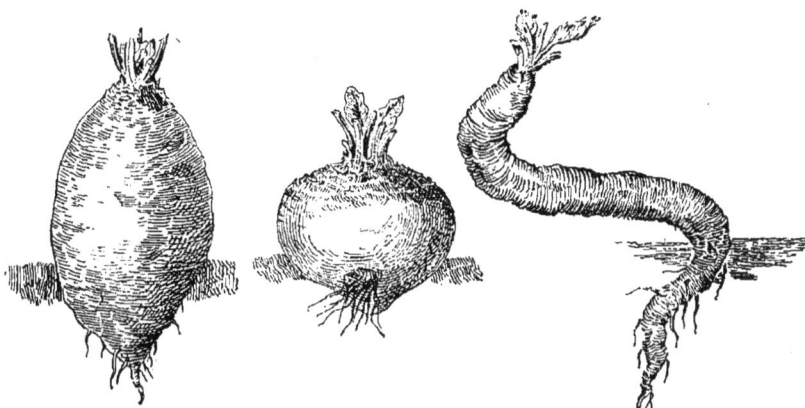

FIG. 140.
Betterave jaune ovoïde
des Barres.

FIG. 141.
Betterave globe
jaune.

FIG. 142.
Betterave disette
corne de bœuf.

LES BETTERAVES FOURRAGÈRES

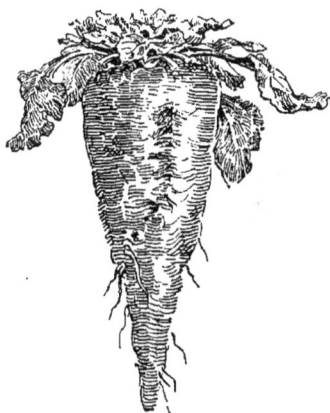

FIG. 143. — Betterave disette
blanche de Silésie.

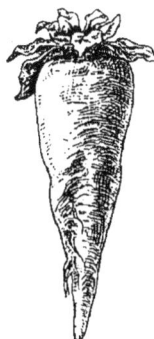

FIG. 144. — Betterave blanche
améliorée Vilmorin.

LES BETTERAVES A SUCRE

mentation des bêtes à cornes, des *betteraves à sucre* (*fig*. 143 et 144) qui sont employées à la fabrication du sucre

et des **betteraves de distillerie** (*fig.* 145) qui sont utilisées pour la fabrication de l'alcool.

Les **betteraves fourragères** ont le collet très développé, car c'est la partie hors du sol qui est la plus riche en matières nutritives, tandis que les betteraves à sucre et de distillerie ont leurs feuilles au ras du sol, la racine étant la partie la plus riche en sucre.

Les grosses betteraves renferment proportionnellement beaucoup plus d'eau que les petites. Il faut donc planter les betteraves fourragères à une faible distance, pour obtenir des racines de grosseur moyenne qui sont plus nutritives que les grosses.

FIG. 145. — Betterave
à collet rose
(distillerie).

Quant aux **betteraves à sucre**, elles doivent être encore plus rapprochées, car leurs racines sont plus petites que celles des betteraves fourragères.

On donne des binages fréquents aux betteraves pour main-

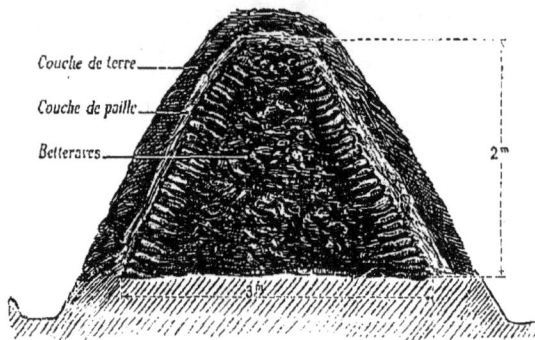

Couche de terre
Couche de paille
Betteraves
2^m

FIG. 146. — Silo de betteraves.

tenir le sol propre et conserver l'humidité; mais il ne faut pas les *effeuiller*, comme on a coutume de le faire, parce que les feuilles puisant dans l'air une partie des aliments néces-saires à la racine, on diminuerait ainsi la récolte.

On arrache les betteraves à l'automne, soit à la main, soit à l'aide des *arracheurs de betteraves* (*fig.* 76). Avant de les ren-trer on enlève les feuilles. Les racines sont conservées sous des hangars, ou au dehors en tas appelés **silos** (*fig.* 146). Le *silo* est recouvert de paille et de terre.

146. Carotte. — La culture de la **carotte** (*fig.* 147) est moins développée que celle de la betterave fourragère, car ses rendements sont moins élevés; mais elle est plus nutritive et ses racines con-viennent à tous les animaux de la ferme, même aux che-vaux.

FIG. 147. — Carotte fourragère.

147. Pomme de terre. — La culture de la **pomme de terre** est très importante. Ce tubercule sert à l'alimen-tation de l'homme, à la nourriture des animaux domestiques, à la fabrication de l'alcool et à celle de la fécule. C'est un très bon aliment.

La pomme de terre (*fig.* 148 à 152) aime les terres lé-gères, mais plus elles sont fertiles, plus ses rendements sont élevés.

Pour obtenir des récoltes abondantes, un savant agronome, Aimé Girard, a recommandé :

1° *de labourer le sol profondément, de bien l'ameublir et même de le défoncer ;*

2° *de fumer abondamment avec du fumier de ferme et des engrais complémentaires : nitrate de soude, chlorure de potassium et superphosphates ;*

3° *de planter des variétés à grand rendement et de*

choisir pour semences les tubercules provenant des plus beaux pieds;

4° *d'employer des tubercules de grosseur moyenne, non divisés, et de les espacer régulièrement.*

FIG. 148.
Pied de pomme de terre.

FIG. 149.
Pomme de terre Géante bleue.

FIG. 150.
Pomme de terre
Richter's Imperator.

FIG. 151.
Pomme de terre
Early rose.

FIG. 152.
Pomme de terre
Czarine.

POMMES DE TERRE FOURRAGÈRES ET INDUSTRIELLES

Comme soins d'entretien, on donne aux pommes de terre des *binages* et un *buttage*. On fait la récolte des tubercules quand les tiges sont sèches. On pratique l'arrachage à la *houe à main* ou à l'*arracheur* (*fig.* 75), et on rentre les ubercules bien secs, dans un local non humide.

148. Topinambour. — Ce tubercule (*fig.* 153) sert à l'alimentation des animaux de la ferme et à la fabrication de l'alcool. Il pourrait rendre de grands services dans les pays pauvres, car il est peu exigeant au point de vue de la fertilité du sol, mais il a le grand inconvénient d'être d'une destruction difficile. Les tubercules ne gèlent pas l'hiver et ceux qui sont restés dans le sol se développent au printemps et envahissent la culture suivante.

FIG. 153.
Topinambour
(tige et tubercule).

149. Insectes nuisibles aux plantes sarclées et maladies cryptogamiques. — L'ennemi le plus redoutable des plantes sarclées, et en particulier de la pomme de terre, c'est le **ver blanc** ou *turc* (*fig.* 156), qui est la larve du *hanneton*. Il passe trois ans dans la terre à dévorer les racines des plantes, puis il se transforme en insecte parfait.

Le *silphe opaque* (*fig.* 154), qu'on appelle vulgairement *bouclier*, s'attaque aux jeunes betteraves.

La pomme de terre est sujette aussi à une *maladie* très grave produite par un champignon microscopique, le **phytophtora infestans**. Les feuilles et les tiges de la plante se dessèchent complètement et la récolte est très réduite. De plus, beaucoup de tubercules sont atteints et finissent par pourrir.

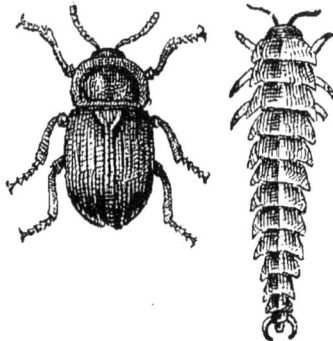

FIG. 154.
Silphe et sa larve.

FIG. 155. — Récolte des Hannetons,
le matin.

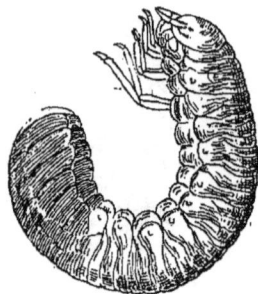

FIG. 156.
Larve de Hanneton
(Ver blanc).

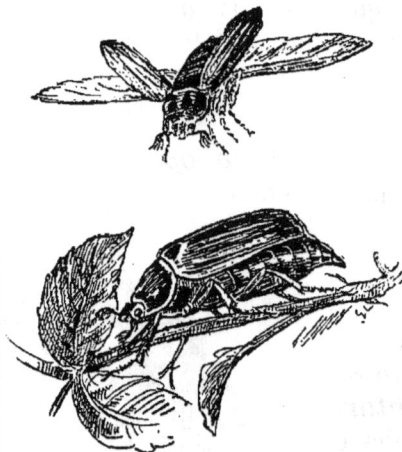

FIG. 157.
Hanneton : au repos et au vol.

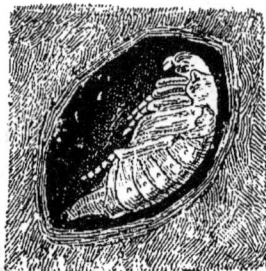

FIG. 158.
Nymphe de Hanneton
dans sa loge.

VER BLANC ET HANNETON

IV. — PLANTES INDUSTRIELLES

SOMMAIRE :

Plantes textiles	Lin.
	Chanvre.
Plantes oléagineuses . . .	Colza.
	Navette.
	Cameline.
	Pavot œillette.
Plantes tinctoriales . . .	Gaude.
	Safran.
	Pastel.
	Garance.
Plantes aromatiques et médicinales	Tabac.
	Houblon.
	Plantes à parfum du midi de la France.
	Plantes médicinales.

150. Les *plantes industrielles* sont celles dont les produits sont utilisés par l'industrie. On les divise en :

Plantes textiles, servant à confectionner des tissus ;

Plantes oléagineuses, dont on extrait l'huile ;

Plantes tinctoriales, dont on tire les couleurs ;

Plantes aromatiques et médicinales, servant à préparer des parfums et des extraits.

151. Les *plantes industrielles* donnent un produit brut généralement élevé, mais comme les frais de culture sont très grands, le bénéfice est souvent bien faible. Aussi depuis la concurrence des textiles étrangers, *coton*, *jute*, etc. ; depuis l'importation des graines oléagineuses des pays chauds, *arachide*, *sésame*, *coton ;* depuis l'emploi des couleurs minérales provenant de la houille, la culture des plantes industrielles a considérablement diminué.

152. Plantes textiles. — On cultive en France comme *plantes textiles* le **lin** (*fig.* 159) et le **chanvre** (*fig.* 160).

Ces plantes sont exigeantes et ne donnent des produits

rémunérateurs que dans les terrains fertiles, bien préparés, bien ameublis, labourés profondément pour y constituer une grande réserve d'humidité.

On les sème à la volée, au printemps, le lin en mars ou avril, le chanvre en mai.

A, fleurs à étamines (mâle).   B, fleurs à pistil (femelle).

FIG. 159. — Lin.   FIG. 160. — Le chanvre.

Le chanvre (*fig.* 160) est une *plante* **dioïque**, c'est-à-dire qu'il présente des *pieds femelles*, qui portent les graines, et

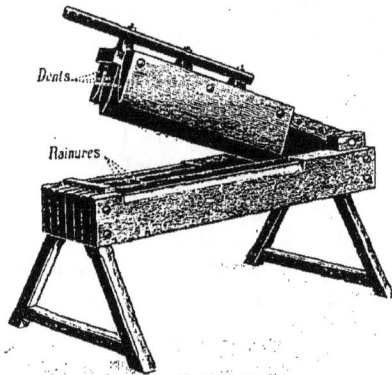

FIG. 161. — Broie à chanvre.

des *pieds mâles*, qui n'en ont pas. Les pieds mâles sont

mûrs les premiers ; on les arrache et on laisse mûrir les pieds femelles. Quelquefois on arrache le tout ensemble à la maturité des pieds femelles.

Pour détacher les fibres du lin et du chanvre qui sont collées sur la tige, il faut *rouir* les plantes, c'est-à-dire les faire macérer dans une mare ou dans un ruisseau pendant huit à dix jours. On fait ensuite sécher les tiges, d'abord sur champ, puis dans un *four à chanvre*, pour les broyer ensuite.

Le *broyage* se fait avec un instrument, armé de dents, qu'on appelle *broie* (*fig.* 161). Les tiges sont brisées en petits morceaux, tandis que les fibres restent intactes. On a ainsi de la *filasse* qu'on livre au commerce.

153. Plantes oléagineuses. — On cultive comme *plantes oléagineuses* le **colza** (*fig.* 162), la **navette,** la **cameline,** qui appartiennent à la famille des *crucifères*, et le **pavot œillette** (*fig.* 163), qui appartient à la famille des *papavéracées*.

FIG. 162. — Colza. FIG. 163. — Pavot œillette.

Le *colza* et le *pavot œillette* sont très exigeants sur la nature du sol et ne conviennent que dans les bonnes terres à froment. La *navette* et la *cameline* se contentent de sols moins fertiles.

C'est de la graine de ces plantes que l'on extrait l'huile. Le colza, la navette et la cameline fournissent une huile servant à l'éclairage et à la fabrication des savons. L'huile d'œillette est comestible et souvent employée en mélange avec l'huile d'olive.

154. Plantes tinctoriales. — La culture des *plantes tinctoriales* a presque complètement disparu. Autrefois on cultivait la **gaude** en Normandie, le **safran** (*fig.* 164), le **pastel,** la **garance** (*fig.* 165) dans la vallée du Rhône.

FIG. 164. — Safran.   FIG. 165. — Garance.

Dans la *gaude,* la matière colorante se trouve dans toutes les parties de la plante; dans le *pastel,* elle réside dans les feuilles; dans la *garance,* c'est la racine seule qui est utilisée, et dans le *safran* la matière colorante est localisée dans les stigmates de la fleur.

155. Plantes aromatiques et médicinales. — La culture de ces plantes n'occupe pas une grande étendue, mais elle a cependant une importance assez considérable à cause du prix très élevé des produits.

On peut ranger parmi ces plantes le **tabac** (*fig.* 166) dont la culture, placée sous le contrôle de la régie, n'est autorisée que dans un certain nombre de départements.

Le **houblon** (*fig.* 167 et 168) sert à aromatiser la bière. Il est cultivé dans le nord et l'est de la France.

Les *plantes à parfum* sont cultivées dans le midi de la France, car les plantes des pays chauds sont plus parfumées que celles du nord de l'Europe : ce sont la **rose**, le **jasmin**, la **violette**, la **tubéreuse** (*fig.* 169), la **jonquille** (*fig.* 170), le **réséda**, la **verveine**, le **géranium rosat,** la

FIG. 166. — Pied de tabac.

A, tige volubile.   B, rameau portant des cônes.
FIG. 167. — Le houblon.

FIG. 168.
Un cône de houblon.

FIG. 169.
Tubéreuse.

FIG. 170.
Narcisse jonquille.

FIG. 171.
Romarin.

FIG. 172. — Mélisse.

FIG. 173. — Lavande.

PLANTES A PARFUM

menthe, le *romarin* (*fig.* 171), la *mélisse* (*fig.* 172),
l'héliotrope, la *la-
vande* (*fig.* 173).

Les *plantes médici-
nales* cultivées dans la
même région sont : la
rhubarbe (*fig.* 174),
l'iris de Florence (*fig.*
175), l'absinthe (*fig.*
176), la *camomille ro-
maine,* la *guimauve,*
la *réglisse,* etc.

FIG. 174. — Rhubarbe.

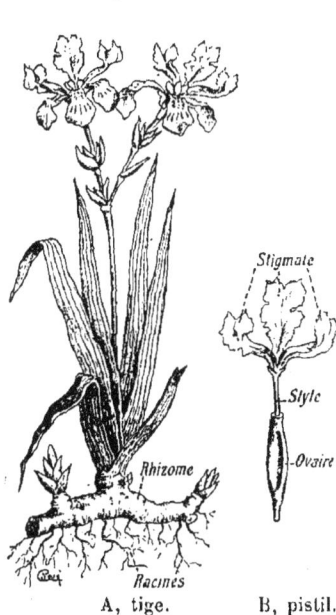

A, tige.   B, pistil.

FIG. 175. — Iris.

FIG. 176. — Absinthe.

PLANTES MÉDICINALES

V. — **PLANTES ARBUSTIVES**

SOMMAIRE :

Reproduction. ....
- Semis.
- Bouture.
- Marcotte.
- Pépinière.
- Greffe.
- Transplantation.
- Taille.

Culture de la vigne. ....
- Invasion du phylloxéra.
- Plantation des vignes américaines greffées.
- Préparation du sol.
- Soins à donner à la vigne.
- Récolte du raisin et fabrication du vin.

Culture du pommier.

Culture de l'olivier.

156. Les *plantes arbustives* comprennent les **arbres** et les **arbrisseaux** que l'on cultive pour leurs fruits, et les **arbres des forêts** cultivés pour fournir du bois de chauffage et d'industrie.

On reproduit ces plantes par **semis,** par **bouture** ou par **marcotte.**

157. Semis. — La reproduction par **semis** consiste à faire germer les graines qui proviennent des fruits des arbres. Par le semis on n'obtient pas les mêmes variétés de plantes que celles qui ont fourni les graines. Ainsi, par exemple, les pépins d'une bonne poire de Duchesse-d'Angoulême donneront des arbres qui ne porteront souvent que de mauvais fruits.

158. Bouture. — La *bouture* (*fig.* 177, 179 et 180) est une portion de tige qu'on plante en terre. Des racines adventives prennent naissance à l'extrémité inférieure de la tige et les bourgeons qui sont au-dessus du sol se développent.

159. Marcotte. — La *marcotte* (*fig.* 178 et 179) est une bouture qu'on ne sépare du sujet que lorsque les racines sont bien formées. On recourbe un rameau de façon à en enterrer une certaine portion qu'on maintient sous le sol par un crochet. Des racines se développent au point de courbure, et quand elles sont assez fortes pour nourrir la tige, on sépare cette dernière du pied mère.

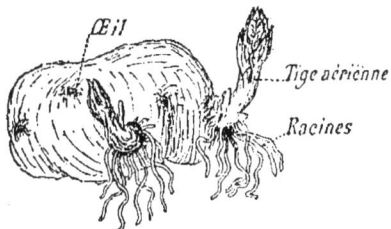

FIG. 177. — Bouturage naturel : tubercule de pomme de terre.

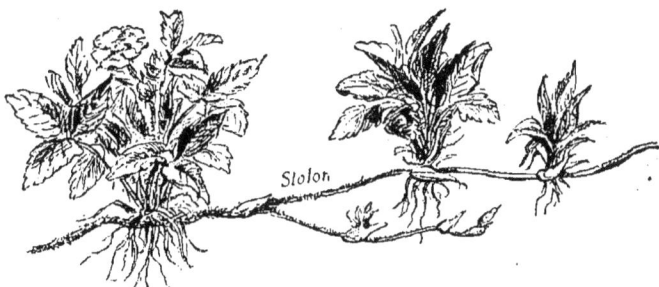

FIG. 178. — Marcottage naturel : fraisier et ses stolons.

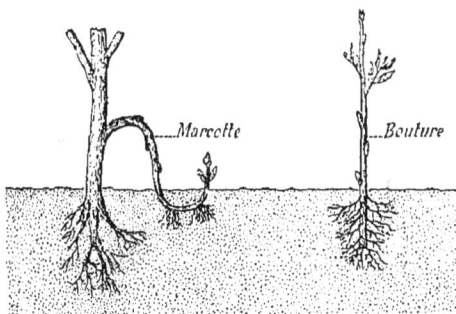

Marcottage artificiel.   Bouturage artificiel.
FIG. 179.

FIG. 180.
Bouture de géranium.

BOUTURAGE   ET   MARCOTTAGE

160. Pépinière. — Le terrain où l'on reproduit les plantes arbustives s'appelle une *pépinière*.

Le sol de la pépinière doit être de bonne qualité, profond et meuble. Il doit être maintenu très propre et les jeunes arbres doivent être l'objet de soins incessants.

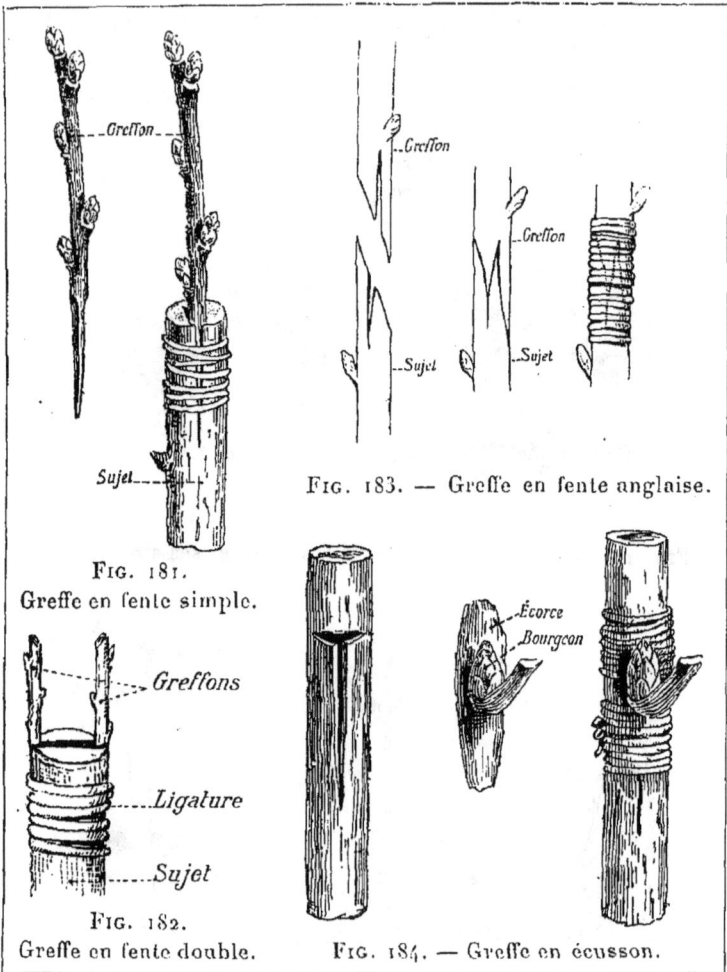

FIG. 181.
Greffe en fente simple.

FIG. 182.
Greffe en fente double.

FIG. 183. — Greffe en fente anglaise.

FIG. 184. — Greffe en écusson.

LES PRINCIPAUX MODES DE GREFFAGE

161. Greffage. — Pour obtenir les diverses variétés que le semis ne peut reproduire, on pratique le *greffage*. Cette opération consiste à implanter sur un arbre appelé *sujet*, une portion d'un autre arbre de variété différente qu'on appelle *greffon*. Le sujet sert de support au greffon et puise dans le sol la nourriture qui est nécessaire à ce dernier. Le greffon se développe et produit des fruits.

Il y a bien des espèces de *greffes*. Les plus employées sont la **greffe en fente simple** (*fig.* 181), la **greffe en fente double** (*fig.* 182), la **greffe en fente anglaise** (*fig.* 183), et la **greffe en écusson** (*fig.* 184).

Quel que soit le genre de greffe que l'on exécute, *il faut toujours faire coïncider bien exactement l'intérieur des écorces du greffon et du sujet*, car c'est entre ces deux parties que se forme la soudure des deux portions de l'arbre.

162. Transplantation. — Lorsque les arbres de la pépinière ont atteint un développement suffisant, on les arrache pour les planter à demeure.

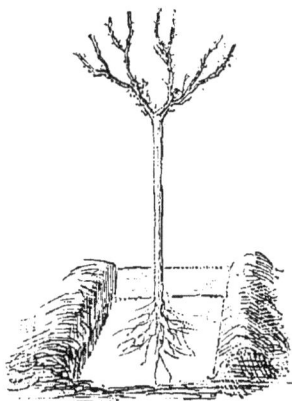

FIG. 185. — Plantation des arbres.

L'*arrachage* se fait à l'automne quand la végétation a cessé. Il faut opérer avec précaution, de façon à endommager le moins possible les racines.

Pour *replanter* les arbres (*fig.* 185), on rafraîchit avec une serpette les plaies des racines, puis on creuse une fosse assez grande, de 40 centimètres de profondeur, au fond de laquelle on dresse un petit monticule de terre. On dépose l'arbre sur cette butte, on étale les racines tout autour, on les recouvre de terreau, puis on remplit la fosse avec la terre meuble qu'on avait retirée, jusqu'à ce que le collet de l'arbre soit enterré de quelques centimètres. Quand la terre sera tassée, le collet se trouvera au niveau du sol.

163. Taille. — Parmi les soins d'entretien à donner aux jeunes arbres, l'un des plus importants est la **taille**. Cette opération a pour but de former la charpente des arbres et de régulariser la production des fruits. Les arbres cultivés en plein champ sont taillés pendant les deux ou trois premières années qui suivent le greffage pour leur donner une forme régulière. La vigne et les arbres fruitiers des jardins sont taillés tous les ans.

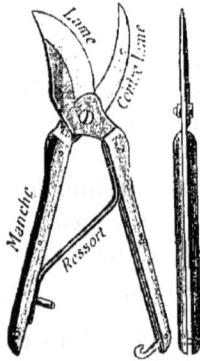

FIG. 186.
Sécateur.

L'opération de la *taille* consiste à supprimer, à l'aide d'un instrument appelé **sécateur** (*fig.* 186), une portion des rameaux de façon à concentrer la sève sur les autres parties pour favoriser la formation des bourgeons à fleurs. Elle augmente le volume et la saveur des fruits et permet de donner aux arbres une forme élégante.

Les *arbres fruitiers* les plus importants pour la France sont : la **vigne,** le **pommier** et l'**olivier.** Ces arbres fournissent trois substances alimentaires de première utilité : le **vin,** le **cidre** et l'**huile.**

164. Vigne. — C'est notre pays qui produit les vins les plus estimés. Cette production a lieu notamment dans le Languedoc, la Champagne, la Bourgogne, le Bordelais, le Beaujolais, la Touraine, l'Anjou et le Roussillon.

La culture de la vigne s'est transformée depuis quelques années à cause de l'*invasion phylloxérique.*

165. Phylloxéra. — Le **phylloxéra** (*fig.* 187, 188 et 189), apparu en France en 1868, est une sorte de petit *puceron* à peine visible à l'œil nu. Il vit sur les racines de la vigne et les fait pourrir ; la vigne ne pousse plus, elle jaunit et meurt. Le vignoble français a été ainsi presque totalement détruit.

166. Aucun remède n'a permis de lutter d'une façon tout à fait efficace contre cet insecte, mais l'on a heureusement remarqué que certaines espèces de **vignes américaines**

pouvaient vivre avec le phylloxéra sans en souffrir. On a dès lors eu l'idée de remplacer les vignes françaises par ces vignes américaines ; mais ces dernières donnant du vin de médiocre qualité, il a fallu conserver les cépages français. Pour cela, on les a greffés sur des vignes américaines.

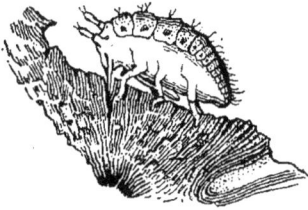

FIG. 187. — Phylloxéra suçant la sève (très grossi).

FIG. 188. — Aspect d'une radicelle couverte de phylloxéras (très grossi).

FIG. 189. — Protubérances produites par le phylloxéra.

167. Ce sont donc des **vignes greffées** qu'on plante actuellement pour remplacer les vignes détruites par le phylloxéra.

La vigne américaine s'appelle le *porte-greffe* ; la vigne française, le *greffon.*

Il n'y a qu'un petit nombre de vignes américaines qui résistent au phylloxéra et ce sont celles-là seules qu'il faut employer. Pour chaque sol il faut une espèce déterminée, car une même espèce ne réussit pas sur tous les sols.

168. On greffe ordinairement la vigne avant la plantation ; on obtient ainsi des *greffe-boutures* (*fig.* 190) qu'on plante en pépinière pour faire développer des racines. La greffe se soude et au bout d'un an on a des *greffés-soudés* (*fig.* 191) qu'on peut planter à demeure.

169. Il faut avoir soin de bien préparer le sol, car les vignes américaines sont plus exigeantes que les vignes françaises. On défonce le sol, on l'ameublit, on fume abondamment et on procède à la plantation qui se fait pendant l'hiver, de novembre à avril.

FIG. 190.
Greffe-bouture.

FIG. 191.
Greffé-soudé.

170. Les soins à donner chaque année à la vigne sont nombreux ; il y a presque toujours du travail dans un vignoble :

FIG. 192. — Altise. (A droite, larves et feuille attaquée par l'altise.)
(On détruit cet insecte en ramassant les larves au printemps à l'aide d'un entonnoir.)

INSECTES NUISIBLES A LA VIGNE

ce sont des **binages**, des **fumures**, la **taille**, l'**ébourgeonnement** ou suppression des rameaux inutiles, le **pincement** ou raccourcissement des rameaux trop longs, enfin

la *lutte contre les insectes et les maladies crypto-gamiques.*

Fig. 193. — Eumolpe ou gribouri. (A droite, incisures du gribouri.)

(On recueille les insectes à l'aide d'un entonnoir et l'on détruit les larves dans le sol avec du sulfure de carbone ou des tourteaux de moutarde.)

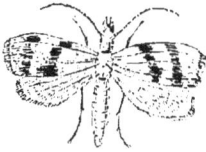

Fig. 194. — La pyrale et sa chenille.

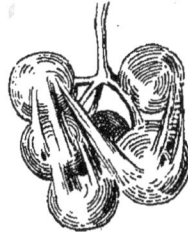

Fig. 195. — Cochylis. (A droite, grappe envahie par la cochylis.)

(Pour détruire la pyrale et la cochylis, on échaude les ceps et les échalas vers la fin de l'hiver avec de l'eau bouillante.)

INSECTES NUISIBLES A LA VIGNE (*suite*).

Outre le phylloxéra, les insectes nuisibles
à la vigne sont : l'**altise** (*fig*. 192) et l'**eumolpe** (*fig*. 193), qui s'attaquent
aux feuilles ; la **pyrale** (*fig*. 194)

FIG. 196. — Grains de raisin
attaqués par l'oïdium.

(On combat cette maladie en répandant,
à plusieurs reprises, de la fleur de soufre
sur les feuilles et les rameaux.)

FIG. 197. — Grappe de raisin
atteinte de black-rot.

FIG. 198. — Traitement contre le mildiou et le black-rot.

(On répand avec un pulvérisateur sur les feuilles et les rameaux de la vigne un
mélange d'un lait de chaux et d'une solution de sulfate de cuivre désigné sous le nom
de *bouillie bordelaise*.)

et la **cochylis** (*fig.* 195), qui détruisent les grappes de raisin.

Les maladies que l'on a à prévenir sont : l'**oïdium** (*fig.* 196), le **mildiou,** le **black-rot** (*fig.* 197), l'**anthracnose** (*fig.* 199).

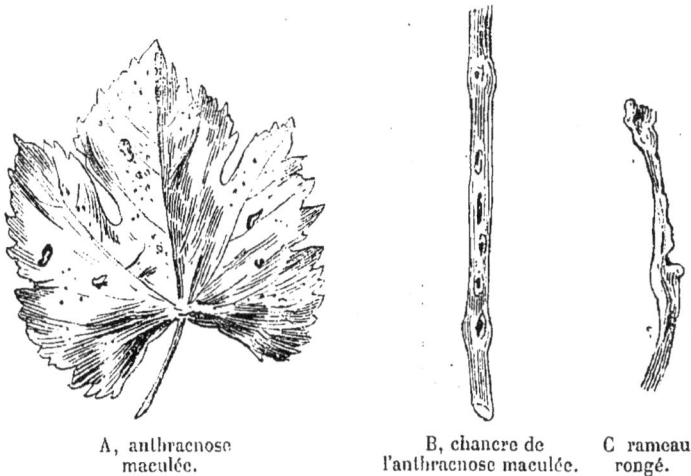

A, anthracnose maculée.   B, chancre de l'anthracnose maculée.   C rameau rongé.

Fɪɢ. 199. — Anthracnose.

(On combat cette maladie en badigeonnant au printemps les ceps et les **rameaux** de taille avec une solution concentrée de sulfate de fer.)

Chaque maladie a son traitement particulier (*fig.* 198), qu'il faut bien connaître et exécuter avec soin.

171. La récolte du raisin s'appelle la **vendange.** Elle a lieu à l'automne, quand les grains sont bien mûrs. On coupe les grappes et on les rentre au cellier où on les écrase dans une sorte de moulin, puis on les met dans des cuves où s'opère la **fermentation,** c'est-à-dire la transformation du sucre en alcool. On *soutire* ensuite le vin dans des tonneaux.

172. Pommier. — C'est dans la Picardie, la Normandie et la Bretagne, là où le raisin ne mûrit pas, que l'on trouve le plus de pommiers. On cultive le *pommier* en **vergers,** terrains complètement plantés d'arbres, à **travers champs,**

ou en **bordures** le long des haies ; mais la culture en vergers est bien préférable.

Le pommier n'est pas très exigeant : un climat frais, un sol assez profond et de consistance moyenne lui conviennent bien.

FIG. 200. — Gui sur un pommier.

Il existe un grand nombre de **variétés de pommes ;** il faut planter les meilleures et les plus productives. Il est bon de cultiver des espèces de précocité différente, afin d'être plus assuré d'avoir des fruits chaque année, car si le moment de la floraison n'est pas favorable pour une variété, il pourra l'être pour une autre.

Il faut au moment de la floraison un temps chaud et sec pour que la fructification soit abondante.

FIG. 201. — Anthonome.

(La femelle de cet insecte pond ses œufs dans les bourgeons à fleurs, qui sont alors détruits par les larves.)

On plante ordinairement des **sauvageons**, c'est-à-dire des arbres non greffés. Après la reprise, on pratique la *greffe en fente double* (*fig.* 182). Comme soins d'entretien, il faut racler les vieilles écorces, badigeonner les arbres avec un lait de chaux pour détruire les *larves d'insectes*, la *mousse*, les *lichens* qui couvrent les branches, et enlever le **gui** (*fig.* 200), plante parasite très nuisible au pommier.

Plusieurs insectes sont, pour la culture du pommier, causes

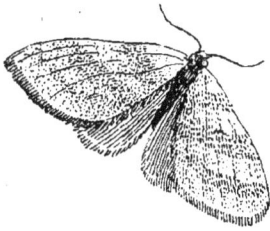

FIG. 202. — Chéimatobie.

(La femelle de cet insecte est dépourvue d'ailes. Elle grimpe au printemps sur les arbres pour y déposer ses œufs, d'où sortent des chenilles qui rongent les bourgeons. On préserve les pommiers en entourant le tronc d'un anneau de goudron qui retient les femelles prisonnières.)

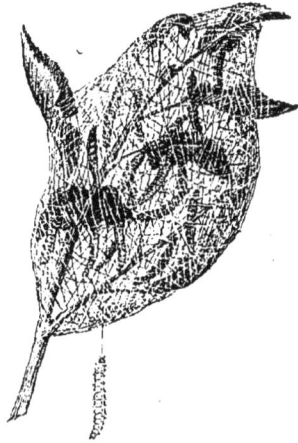

FIG. 203. — Colonie de chenilles
de l'yponomeute
sur une branche de pommier.

de grands dégâts : ce sont l'**anthonome** (*fig.* 201), la **chéimatobie** (*fig.* 202), l'**yponomeute** (*fig.* 203).

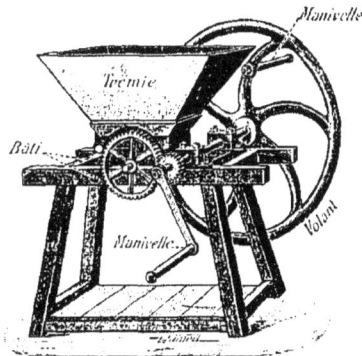

FIG. 204. — Broyeur à pommes.

Leur destruction est difficile et l'on est souvent obligé d'en laisser le soin aux oiseaux. Ce sont les meilleurs ouvriers que l'homme puisse utiliser ; aussi doit-on les protéger efficacement.

On récolte les pommes à l'automne, quand elles sont bien mûres, afin de ne pas être obligé de cribler les arbres de coups de gaule pour les faire tomber.

On laisse les pommes en tas pendant quelque temps, puis on les écrase avec un *broyeur à pommes* (*fig.* 204) ; on presse ensuite la pulpe dans un pressoir et le liquide est mis dans des tonneaux où il fermente : c'est le **cidre**.

173. Olivier. — L'*olivier* (*fig.* 205 et 206) est très sensible au froid et sa culture n'est possible que dans le midi de la France.

Comme le pommier, il se cultive en vergers appelés *olivettes*, à travers champs et en bordures. Comme lui aussi, il n'est pas très exigeant, mais il redoute l'humidité.

FIG. 205. — Olivier.

FIG. 206. — Rameau et fruits de l'olivier.

. On plante des *sauvageons*, qui proviennent de boutures élevées en pépinières, et on taille l'arbre pour bien en éclairer le milieu, car *l'air et le soleil sont nécessaires à une fructification abondante*.

La récolte des olives se fait de novembre à janvier. Les fruits sont mis en tas dans un grenier, puis on les presse. On obtient ainsi l'**huile d'olive**, qui est la meilleure des huiles comestibles.

VI. — PLANTES POTAGÈRES

SOMMAIRE :

Jardin potager.

Exigences des plantes potagères.	Sol profond et meuble. Humidité constante. Propreté absolue. Fumure abondante.

Principales plantes potagères à cultiver.

Insectes nuisibles.

Les **plantes potagères** servent à l'alimentation de l'homme. On les appelle encore *légumes*. On les cultive dans le **jardin potager**.

174. Chaque exploitation agricole doit posséder un *jardin potager* et son entretien est chose importante, car ce jardin permet de fournir à peu de frais une nourriture saine et variée aux habitants de la ferme.

175. Exigences des plantes potagères. — Les plantes potagères exigent :

1° un sol profond et meuble ;
2° une humidité constante ;
3° une propreté absolue ;
4° une fumure abondante.

Le sol ne doit être ni trop léger ni trop compact, afin de convenir aux plantes variées qu'on y cultive. On devra bien l'ameublir et bien l'émietter. Il sera même bon de **défoncer** le jardin potager à une grande profondeur.

On entretient l'humidité pendant l'été par des *arrosages* aussi fréquents qu'il est nécessaire. Pour cela, on établit une pompe, un puits ou un réservoir d'eau au centre ou à proximité du jardin.

La propreté sera maintenue par des *binages* et des *sarclages* nombreux, par le nettoyage fréquent des allées.

Quant à la *fumure*, c'est du fumier de ferme qu'on emploie et principalement du fumier de cheval ; mais il est bon d'apporter en outre des engrais chimiques.

FIG. 207. — Chou commun.

Bourgeons comestibles

FIG. 208. — Chou de Bruxelles.

FIG. 209. — Chou-navet.

FIG. 210. — Chou-fleur.

CHOUX POTAGERS

176. Principales plantes potagères à cultiver.

— On devra cultiver dans le jardin de la ferme la **pomme de terre alimentaire**, les ***choux potagers*** dont il existe plusieurs variétés : *chou pommé* (*fig.* 207) dont on consomme les feuilles, *chou de Bruxelles* (*fig.* 208) qui produit des bourgeons ou petites pommes comestibles situées le long de la tige, *rutabaga* ou chou-navet (*fig.* 209) dont on consomme la racine qui est renflée comme celle du navet, *chou-fleur* (*fig.* 210) dont la partie comestible est l'inflorescence qui forme une masse blanche au milieu des feuilles.

On cultivera encore la **carotte rouge**,

FIG. 211. — Laitue.

FIG. 212. — Chicorée frisée fine de Rouen.

FIG. 213. — Détail de la feuille de chicorée.

FIG. 214. — Céleri.

FIG. 215. — Valérianelle potagère ou mâche.

LES SALADES

le *haricot*, le *pois*, le *salsifis*, l'*oignon*, le *poireau*,

FIG. 216.— Artichaut.

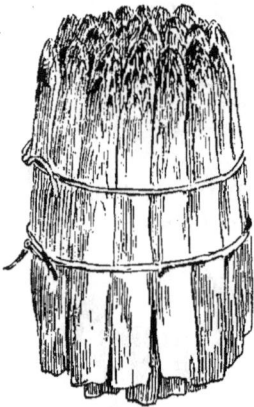

Fleur

Rameaux
verts

Feuilles

Jeunes
pousses

Baie

Racines

Asperges en botte.

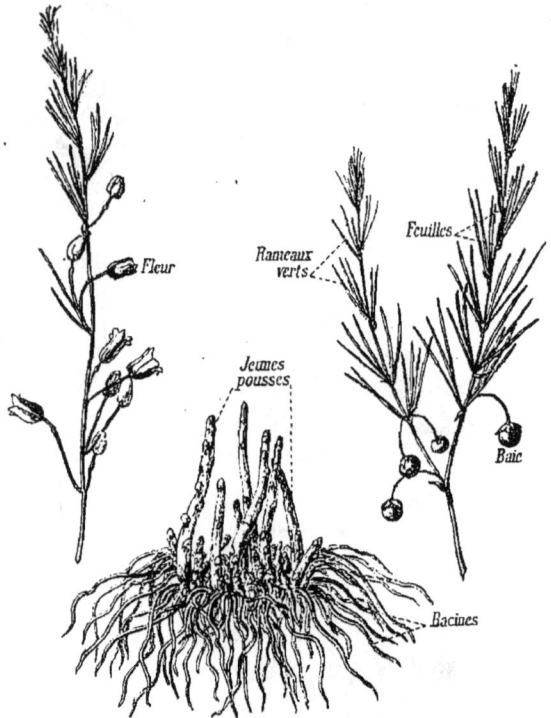

Griffes, rameaux, fleurs et fruits.

FIG. 217. — Asperge.

FIG. 218. — Melon Cantaloup.

les plantes *condimen-
taires* : **échalote, ail,
persil, cerfeuil**, etc.;
les *salades* : **laitue** (*fig.*
211), **chicorée** (*fig.*
212), **céleri** (*fig.* 214),
mâche (*fig.* 215), etc.

Il sera en outre agréable
d'avoir des **artichauts**
(*fig.* 216), des **asperges**
(*fig.* 217), des **melons**
(*fig.* 218), des **tomates**,

des **fraises,** des **radis,** légumes sains et rafraîchissants.

On sèmera ces plantes à diverses époques, de façon à prolonger la récolte aussi longtemps que possible pour avoir des légumes frais pendant la plus grande partie de l'année.

177. Insectes nuisibles aux plantes potagères.
— On a souvent beaucoup de peine à défendre les plantes potagères contre les insectes.

Les *pois* et les *haricots* redoutent les **bruches,** l'*asperge* craint le **criocère** (*fig.* 219), l'*artichaut* est souvent couvert de **pucerons** et de **cassides.**

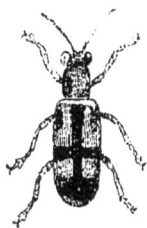

Fig. 219.
Criocère de l'asperge.

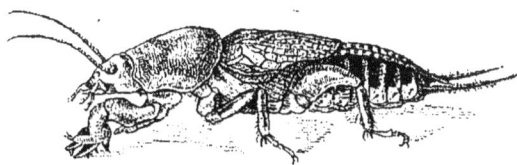

Fig. 220. — Courtilière.

Fig. 221. — Noctuelle potagère.

Fig. 222. — Chenille de la noctuelle.

A, chenille.

B, papillon (femelle).

C, chrysalide.

Fig. 223. — Piéride du chou.

INSECTES NUISIBLES AUX PLANTES POTAGÈRES

La **courtilière** (*fig.* 220), encore appelée *taupe-grillon*, bien qu'étant carnivore, cause parfois de grands dégâts dans les jardins en coupant les racines des plantes pour creuser ses galeries.

Les *choux* sont fréquemment dévorés par les chenilles de papillons qu'on appelle des **piérides** (*fig.* 223) et **noctuelles** (*fig.* 221 et 222) ou par les **pucerons**.

VII. — PLANTES D'AGRÉMENT

SOMMAIRE :

Fleurs et arbustes d'agrément.

Principales plantes à cultiver.

Exigences des plantes d'agrément.	Sol léger, meuble et riche en humus. Humidité constante et légère. Chaleur. Sarclages.

178. Les **plantes d'agrément** sont cultivées pour leur parfum, pour charmer la vue et donner au jardin un aspect agréable.

Elles comprennent les **fleurs** et les **arbustes d'agrément** (*fig.* 222 et 223). Leur culture s'appelle **horticulture**.

179. Il n'y a pas à la ferme de jardin spécial pour la culture de ces plantes, il n'y a pas de *jardin d'agrément*. Tout au plus, y a-t-il un **parterre** autour de la maison. Mais ce n'est pas une raison pour délaisser la culture des fleurs. Le jardin potager servira de jardin d'agrément. Le long des allées, sur les plates-bandes inoccupées, on plantera des fleurs.

C'est à vous, enfants, qu'incomberont les soins à y apporter. Si au début vous n'êtes pas très habiles, votre maman sera là pour vous guider et vous donner des conseils. Les leçons d'agriculture que vous recevez à l'école vous viendront aussi en aide. Vous commencerez ainsi votre apprentissage de cultivateurs.

180. Voulez-vous connaître quelques noms de plantes faciles à cultiver ? Eh bien, choisissez la **pensée**, la **jacinthe** (*fig.* 226), la **tulipe** (*fig.* 227), la **pivoine**, qui fleurissent de bonne heure au printemps ; le **phlox** (*fig.* 228), l'**œillet** (*fig.* 229), le **zinnia** (*fig.* 230), le **chrysanthème**

FIG. 224. — Aucuba du Japon.   FIG. 225. — Fusain.

ARBUSTES D'AGRÉMENT

(*fig.* 231), la **scabieuse** (*fig.* 232), la **giroflée** (*fig.* 12, page 11), l'**anémone** (*fig.* 233), le **dahlia** (*fig.* 234), la **balsamine** (*fig.* 235), le **lis** (*fig.* 236), le **rhododendron** (*fig.* 237), la **reine-marguerite**, etc. Puis mettez en pots quelques plantes plus délicates qu'il vous faudra rentrer dans un appartement pendant l'hiver : des **pélargoniums,** des **bégonias** (*fig.* 238), des **cinéraires** (*fig.* 239), des **cyclamens** (*fig.* 240), des **calcéolaires** (*fig.* 241), des **caladiums** (*fig.* 242), etc.

FIG. 227. — Tulipe.

FIG. 228. — Phlox.

FIG. 229. — Œillet.

FIG. 226. — Jacinthe.

FIG. 230. — Zinnia.   FIG. 231. — Chrysanthème.

FIG. 232.
Scabieuse grande.

FLEURS DE PLEINE TERRE

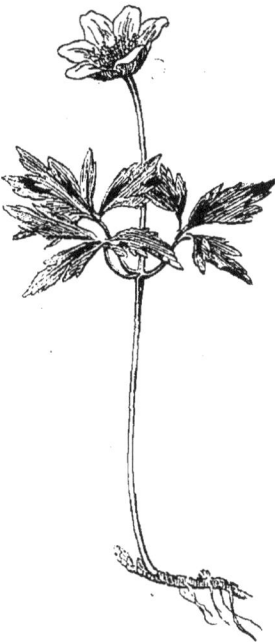

FIG. 233. — Anémone des bois.   FIG. 234. — Dahlia double.

FIG. 235.
Balsamine.

FIG. 236.
Lis Martagon.

FIG. 237.
Rhododendron
des Alpes.

FLEURS DE PLEINE TERRE (*suite*).

FIG. 238. — Bégonia Rex.

FIG. 241. — Calcéolaire.

FIG. 239. — Cinéraire.

FIG. 240. — Cyclamen.

FIG. 242.
Caladium à feuilles bicolores.

PLANTES CULTIVÉES EN POTS

181. Que réclament les plantes d'agrément ?

1° *Un sol léger, meuble et riche en humus.* La terre de bruyère réunit toutes ces qualités. Il est facile de s'en procurer une petite quantité que l'on mettra dans les pots et même sur les plates-bandes du jardin ;

2° *Une humidité constante et légère.* Vous pratiquerez des arrosages fréquents, mais peu abondants, en évitant autant que possible de tasser le sol.

3° *De la chaleur, notamment au début de la germination.* Vous ferez les semis dans une caisse que vous abriterez des vents froids le long d'un mur bien exposé au soleil.

Il est presque inutile d'ajouter qu'*il faut enlever les mauvaises herbes* qui se trouvent mêlées aux fleurs, non seulement parce qu'elles leur nuisent, mais aussi parce que ce mélange produit un effet désagréable.

RÉSUMÉ

Céréales. — Ce sont des plantes de la famille des **graminées** cultivées pour leurs graines : blé ou froment, seigle, orge, avoine, maïs, millet, riz, etc.

Elles ont des *racines* **fasciculées,** une tige creuse, présentant des nœuds (**chaume**), des *feuilles* **engainantes,** une *inflorescence* en **épi** ou en **panicule** et un *fruit* entouré par deux bractées membraneuses (glumes et glumelles).

Les *céréales* sont plus ou moins exigeantes sous le rapport de l'humidité et de la fertilité du sol, mais elles réclament toutes un terrain propre, bien préparé, bien ameubli et des fumures abondantes. Elles redoutent les *mauvaises herbes,* qu'il faut détruire avec soin (**coquelicot, nielle, bleuet, chardon, moutarde, ravenelle,** etc.), les *insectes nuisibles* (**charançon, taupin, teigne, alucite, cécidomye**) et *certaines maladies* (**rouille, charbon, carie**).

La récolte des céréales comprend : la **coupe,** la **mise en gerbes** et le **battage.**

Plantes fourragères. — Elles constituent la base de l'alimentation du bétail et appartiennent principalement à la famille des **légumineuses** et à celle des **graminées.**

Les *légumineuses* sont des plantes dont le fruit est une **gousse** et dont la corolle est **papilionacée.** Leurs racines sont très développées et couvertes de **nodosités** qui leur permettent d'assimiler l'*azote* de l'air.

Les *légumineuses fourragères* exigent un sol profond, bien propre et des fumures phosphatées et potassiques.

Les plus importantes, qui constituent les *prairies artificielles*, sont : la **luzerne**, le **sainfoin**, le **trèfle des prés**, le **trèfle incarnat**, la **lupuline**, la **vesce**, l'**ajonc**.

Les *graminées fourragères* (**ray-grass**, **fétuque**, **avoine élevée**) sont ordinairement cultivées en mélange avec les légumineuses.

Les **prairies naturelles** sont constituées par un mélange de plantes vivaces de la famille des légumineuses et de celle des graminées.

On cultive encore fréquemment comme plantes fourragères le **seigle**, le **pois**, le **navet**, la **moutarde**, le **maïs**.

On conserve les plantes fourragères par la **dessiccation** (foin, fourrages secs) et par l'**ensilage**.

Plantes sarclées. — Ces plantes sont l'objet pendant leur végétation de soins d'entretien ayant pour but de maintenir le sol propre et meuble.

On cultive la **betterave** pour l'alimentation du bétail, la fabrication du sucre et celle de l'alcool (*betterave fourragère, betterave à sucre, betterave de distillerie*).

La **carotte fourragère** convient particulièrement à la nourriture du cheval et à celle du mouton.

La **pomme de terre** sert à l'alimentation de l'homme et des animaux, à la fabrication de la fécule et à celle de l'alcool.

Le **topinambour** est utilisé pour nourrir le bétail et fabriquer l'alcool.

Les insectes nuisibles à ces plantes sont : le **ver blanc** (pomme de terre) et le **silphe opaque** (betterave).

La pomme de terre craint en outre la *maladie* causée par le **phytophtora infestans**.

Plantes industrielles. — Leurs produits sont utilisés par l'industrie. On les divise en :

1° **Plantes textiles**, servant à la confection des tissus (*chanvre, lin*) ;

2° **Plantes oléagineuses**, dont les graines servent à la fabrication de l'huile (*colza, navette, cameline, pavot œillette*) ;

3° **Plantes tinctoriales**, utilisées pour la préparation des couleurs (*gaude, safran, pastel, garance*) ;

4° **Plantes aromatiques et médicinales**, fournissant des extraits et des parfums (*tabac, houblon, plantes à parfum, plantes médicinales*).

La culture des plantes industrielles a beaucoup diminué. Elle occupe actuellement une assez faible étendue.

Plantes arbustives. — On *reproduit* ces plantes par **semis**, par **bouture** et par **marcotte**. Ces opérations s'exécutent dans la **pépinière**. On *transplante* ensuite les arbres pour les mettre à demeure.

Pour multiplier les bonnes variétés, on emploie le **greffage** (*greffe en fente simple, en fente double, en fente anglaise, en écusson*).

La **taille** consiste à supprimer une partie des rameaux des arbres pour former leur charpente et régulariser la production des fruits.

Les plantes arbustives dont la culture est la plus importante sont la **vigne**, le **pommier** et l'**olivier**.

Plantes potagères. — Elles servent à l'alimentation de l'homme (*légumes*). On les cultive dans le **jardin potager**.

Elles exigent un *sol profond et meuble*, une *humidité constante*, une *propreté absolue*, une *fumure abondante*.

Les insectes nuisibles aux plantes potagères sont : les **piérides**, les **noctuelles**, les **pucerons**, les **bruches**, les **criocères**, les **cassides**, etc.

Plantes d'agrément. — Elles comprennent les **fleurs** et les **arbustes d'agrément**. Leur culture s'appelle **horticulture**.

Ces plantes réclament un *sol léger, meuble* et *riche en humus;* une *humidité continue* et *légère :* de la *chaleur*, notamment au début de la germination; *l'enlèvement des mauvaises herbes*.

SUJETS DE DEVOIRS

1. Quelles sont les céréales que vous connaissez ? — Leurs exigences au point de vue de la nature du sol et de sa préparation.

2. Récolte des céréales. — Moyens d'en augmenter le rendement.

3. Plantes et insectes nuisibles aux céréales. — Maladies cryptogamiques.

4. Caractères des légumineuses fourragères. — Citez les légumineuses fourragères que vous connaissez.

5. Qu'appelle-t-on prairies naturelles? — Principales plantes qu'on y rencontre. — Création des prairies. — Soins d'entretien.

6. Qu'appelle-t-on plantes sarclées ? — Citez les plantes sarclées que vous connaissez et dites à quoi on les utilise.

7. Le chanvre et le lin. — Leurs exigences. — Culture, récolte, préparation des tiges pour en extraire les fibres.

8. En quoi consiste le greffage ? — Son utilité. — Citez les greffes que vous connaissez.

9. Pourquoi emploie-t-on des vignes américaines pour reconsti-

tuer les vignobles ? — Pourquoi les greffe-t-on avec des vignes françaises ?

10. Quelles sont les exigences des plantes potagères, et que faut-il faire pour les satisfaire?

Sujets donnés aux examens du C. E. P.

11. Quelles sont les céréales que l'on cultive de préférence dans votre commune? — Quels travaux exigent-elles? — A quoi servent-elles ?

12. Quelles sont les méthodes principales employées pour séparer le grain de la paille ? — Lorsque le grain est battu, comment le sépare-t-on des menues pailles, des poussières, etc. ?
Nommez un coléoptère qui s'attaque au blé.

13. Maladies des céréales et moyens de les combattre. — Quelles sont les plantes qui nuisent aux céréales ? — Comment les détruit-on ?

14. Comment nomme-t-on les plantes qui servent à l'alimentation du bétail ? — Donnez quelques détails sur chacune d'elles, en indiquant notamment son mode de culture.

15. Dites ce que vous savez sur les prairies naturelles et sur les prairies artificielles. — Principales plantes qui les constituent. — Leur établissement, leur entretien.

16. La pomme de terre, sa culture, terres qui lui conviennent. — Utilisation des pommes de terre à la ferme.

17. Votre instituteur vous a passé en revue les principaux ennemis du pommier. Vous direz ce que vous savez de chacun d'eux.

18. Quelles sont les principales opérations que nécessite la préparation du vin?

19. Énumérer les différentes maladies dont souffre la vigne. — Dire les moyens employés pour les combattre.

20. Insectes ennemis de la vigne. — Moyens de les combattre.

21. Qu'entend-on par bouture? — Quelles précautions faut-il prendre quand on fait une bouture? — Qu'appelle-t-on marcotte ou provin? — Quels sont les avantages de la bouture ou de la marcotte?

22. La greffe. — A quoi sert-elle? — Quels genres de greffe connaissez-vous? — Comment procède-t-on pour greffer un arbre? — Pourquoi?

23. La fleur : Dites ce que vous savez sur les différentes parties qui la composent. — Quelles sont les fleurs que vous connaissez : 1° pour notre agrément; 2° pour notre santé ?

DEUXIÈME PARTIE

PRODUCTION ANIMALE

182. L'étude de la *production animale* s'appelle la *Zootechnie*.

Elle comprend :

1° l'étude des animaux domestiques ;
2° l'étude des animaux de basse-cour ;
3° l'élevage des abeilles ;
4° l'éducation du ver à soie.

CHAPITRE I

ANIMAUX DOMESTIQUES

183. Nécessité des animaux domestiques dans la ferme. Services qu'ils rendent. — Pour utiliser une partie des produits végétaux de la ferme, et pour en tirer un plus grand profit, le cultivateur a recours aux **animaux domestiques**.

Les *animaux domestiques* sont nécessaires dans toute exploitation pour produire le fumier indispensable au maintien de la fertilité du sol et pour exécuter les travaux de la ferme, mais *leur rôle principal est de transformer certaines substances végétales de façon à en obtenir un bénéfice plus élevé.*

184. Produits fournis par les animaux domestiques.
— Les animaux domestiques fournissent à l'homme des produits qui lui sont indispensables : ce sont la *viande*, le *lait*
dont on retire le *beurre* et le *fromage*, la *laine*, les *peaux*
dont on fait le *cuir*.

185. Pour obtenir ces produits le plus économiquement
possible, il est nécessaire d'observer certaines règles qui s'ap-
pliquent à tous les animaux et qui concernent leur *reproduction*, leur *alimentation*, le *choix de ces animaux*, les *soins
d'entretien* à leur donner, l'*utilisation de leurs produits*.

I. — REPRODUCTION DES ANIMAUX DOMESTIQUES

SOMMAIRE :

1° *Choisir de bons reproducteurs pour améliorer les races* (Sélection).

2° *Faire fonctionner de bonne heure les organes des jeunes animaux pour les
développer* (Gymnastique fonctionnelle).

186. On appelle **animaux reproducteurs** ceux qui
sont destinés à en produire d'autres, à donner des jeunes.

Il faut choisir de bons reproducteurs, bien conformés,
robustes, exempts de vices, car *les jeunes animaux héritent
en grande partie des qualités et des défauts de leurs
parents*.

De même qu'en employant toujours de bonnes semences on
améliore les espèces de plantes, de même en choisissant toujours de bons reproducteurs appartenant à la même race, on
améliore les races d'animaux. Ce choix des animaux s'appelle
la **sélection** (*sélectionner* veut dire choisir).

187. Les animaux, comme les hommes, peuvent contracter
certaines habitudes par un exercice fréquent. En habituant de
bonne heure le cheval à courir, on augmente sa vitesse ; en le
dressant tout jeune, on obtient sa docilité. On peut donc

accroître les qualités des animaux en leur faisant contracter dès leur jeunesse de bonnes habitudes ; c'est à cet exercice des organes qu'on donne le nom de *gymnastique fonctionnelle*.

II. — ALIMENTATION DES ANIMAUX DOMESTIQUES

SOMMAIRE :

Principe général : Nourrir les animaux au maximum.

Digestion.......... {
Composition de l'appareil digestif.
Transformations subies par les aliments.
Aliment complet (lait).

Digestibilité des aliments. {
Préparation des aliments pour augmenter leur digestibilité....................... { Broyage. Cuisson. Division.
Les jeunes animaux digèrent mieux que les vieux.

Ration alimentaire. {
Définition. Aliments concentrés et aliments grossiers.
Composition. { Foin ou herbe verte. Aliment concentré. Aliment grossier.

Distribution des aliments.

188. Les *aliments* sont les substances qui servent à entretenir la vie de l'animal et qui concourent à son développement.

L'animal est une sorte de machine qui transforme les aliments en viande. Or plus une machine fait de travail, plus elle rapporte. De même, plus l'animal transformera d'aliments, plus il donnera de profit. Le principe général de l'alimentation du bétail, c'est qu'*il faut nourrir les animaux au maximum.*

189. Digestion. — Pour être transformés en viande, les aliments doivent être *digérés.*

La *digestion* (*fig.* 243) comprend plusieurs phases. Les aliments sont d'abord broyés par les dents et imprégnés de salive : c'est la *mastication*, qui s'opère dans la *bouche*. Ils passent ensuite par un tube assez court, l'*œsophage*, et arrivent dans l'*estomac*, sorte de poche où ils sont dissous en partie par un liquide qu'on appelle le *suc gastrique*. Au sortir de l'estomac, les aliments passent dans un long tube nommé *intestin*. Dans l'intestin, ils finissent d'être liquéfiés. Une partie s'assimile au sang et l'autre partie, impropre à la nutrition, est rejetée au dehors.

L'*appareil digestif* proprement dit se compose donc de la *bouche*, de l'*œsophage*, de l'*estomac* et de l'*intestin*.

Le *sang* transporte dans toutes les parties du corps les matières nutritives des aliments.

Le meilleur aliment est celui qui renferme, en proportions convenables, toutes les substances nécessaires à la formation des tissus : on dit que c'est un **aliment complet ;** ainsi le lait est un aliment complet : c'est le seul qui convienne aux jeunes animaux, aussi faut-il les allaiter le plus longtemps possible.

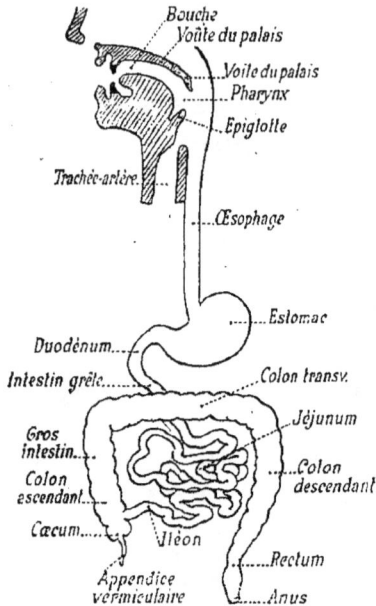

FIG. 243. — Tube digestif de l'homme (mammifère).

190. Digestibilité des aliments. — Nous venons de voir (n° 189) que les aliments ne sont pas complètement absorbés par l'organisme : une partie est rejetée au dehors. Ce qui est utilisé est la partie **digestible.**

Un aliment est d'autant plus *digestible* qu'il est plus divisé : c'est pour cela qu'on *broie* les graines dures et les tourteaux (*fig.* 244) pour les donner aux animaux; on *divise* (voir *fig.* 82 et 83, page 73) les betteraves, les carottes, on *cuit* les pommes de terre pour augmenter leur digestibilité (*fig*. 245).

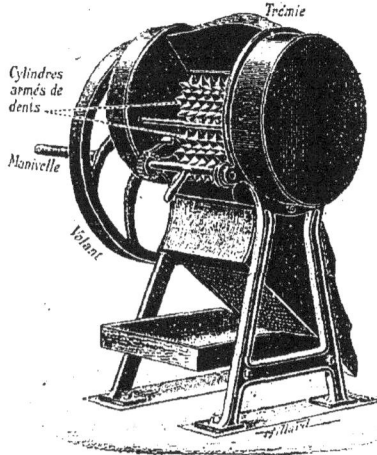

FIG. 244. — Broyage des aliments (brise-tourteaux).

Les jeunes animaux, qui ont de bonnes dents, qui mâchent bien les aliments, digèrent mieux que les vieux. *Il y a donc généralement plus de profit à exploiter de jeunes animaux qu'à en nourrir de vieux.*

191. Ration alimentaire. —

La *ration alimentaire* est l'ensemble des aliments que l'on donne chaque jour à un animal.

FIG. 245. — Cuisson des aliments (chaudière à cuire).

La meilleure nourriture pour les chevaux, les bœufs et les moutons c'est l'*herbe des prairies*. Les chevaux sont les plus exigeants ; les bœufs se contentent d'herbe de moins bonne qualité. Les moutons tirent parti des restes que les autres animaux dédaignent et ils utilisent les plantes courtes des coteaux secs et des gazons.

Comme il n'est pas possible de nourrir toute l'année les animaux au pâturage, on a recours pendant l'hiver au *foin*, qui est l'herbe séchée des prairies. On y ajoute des aliments plus riches, appelés *aliments concentrés*, pour les animaux qui fournissent du travail, du lait ou de la viande. Ces aliments concentrés sont de l'avoine et des féverolles pour les chevaux ; des tourteaux, des farines et des sons pour les bœufs et les moutons.

Pour augmenter le volume de la ration, on y ajoute parfois des *aliments grossiers*, c'est-à-dire peu nutritifs : de la paille pour les chevaux ; des pulpes, des racines de betteraves, des balles de céréales pour les bœufs et les vaches ; des betteraves et des carottes pour les moutons.

Une *ration* bien constituée comprend ainsi trois sortes d'aliments : du **foin** ou de l'**herbe verte**, un **aliment concentré** et un **aliment grossier**.

192. Distribution des aliments. — Les aliments sont distribués en plusieurs fois appelées **repas**. On ne donne ordinairement que trois repas aux animaux qui travaillent, mais il est bon d'en faire faire un plus grand nombre à ceux qui restent à l'étable.

Les repas doivent avoir lieu toujours à la même heure. On distribue d'abord les aliments les moins bons en réservant les meilleurs pour la fin. Les crèches et les râteliers où sont placés les aliments doivent être très propres. *La propreté est le meilleur condiment que l'on puisse employer et celui qui coûte le moins cher.*

III. — CHOIX DES ANIMAUX DOMESTIQUES

SOMMAIRE :

Espèce chevaline...	Conformation.	Examen de la tête. — du tronc. — des membres.
	Caractère.	Examen de la physionomie.
	Aptitudes spéciales.	Chevaux de luxe. — de selle. — de trait léger. — de gros trait.
Espèce bovine.....	Production de la viande.	Hanches écartées. Culotte bien développée.
	Production du lait.	Pis bien fait. Veine mammaire très grosse. Écusson très étendu.
	Production du travail.	Meilleurs bœufs de travail.
Espèce ovine......		Corps bien développé et complètement recouvert de laine.
Espèce porcine....		Corps long et épais, de forme cylindrique.

193. Les qualités à rechercher dans les animaux domestiques varient suivant l'espèce et suivant le but qu'on se propose.

194. Espèce chevaline. — Les *chevaux* sont exclusivement employés comme *moteurs :* c'est comme tels qu'il faut examiner leurs qualités. Elles dépendent de la *conformation*, du *caractère*, des *aptitudes spéciales*.

195. Conformation. — Le corps d'un animal se compose de trois parties principales : la *tête*, le *tronc* et les *membres* (*fig.* 246).

La *tête* est l'organe de direction ; c'est là que sont les *yeux*, qu'il faut examiner avec soin chez le cheval pour voir si la vue est bonne ; la *bouche*, qui permet de déterminer l'âge de l'animal par l'examen des *dents*.

Le *tronc* est la source de l'énergie qui fait mouvoir les membres. Plus il sera développé, plus l'animal sera fort. Il comprend deux parties distinctes : la *poitrine*, renfermant l'appareil *respiratoire*, et le *ventre*, contenant l'appareil *digestif*.

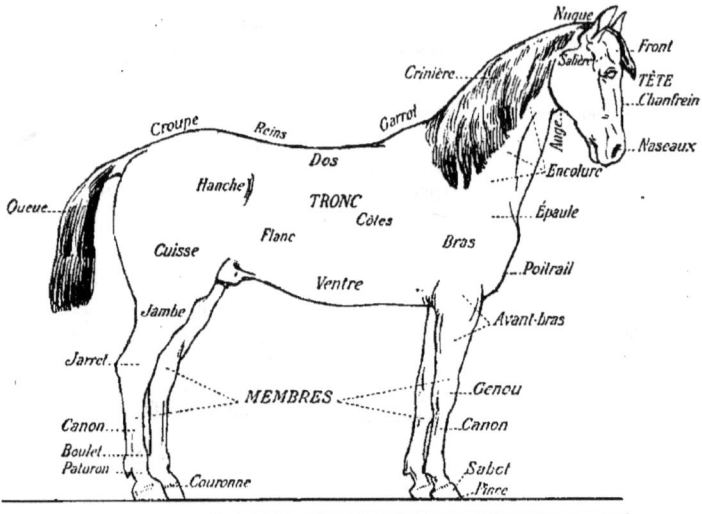

Fig. 246. — Extérieur du cheval.

Une poitrine ample et un ventre cylindrique sont un signe de vigueur.

Les *membres* sont les organes actifs du mouvement : c'est le mécanisme de la machine animale. Ils doivent donc être solides, bien articulés, bien disposés et exempts d'infirmités qu'on nomme *tares*.

196. Caractère. — Le *caractère* du cheval influe beaucoup sur sa valeur ; la physionomie de l'individu reflète ordinairement son caractère.

Si le regard est morne, si les oreilles sont immobiles, le cheval est mou, on dit qu'il *manque de sang*.

Au contraire, la vivacité du regard, la mobilité des oreilles dénotent un animal vigoureux; on dit que cet animal *a du sang*.

197. Aptitudes spéciales. — Tous les chevaux ne sont

FIG. 247. — Cheval de luxe.

FIG. 248. — Cheval de selle (cheval normand).

pas appelés à rendre les mêmes services et on ne recherche pas toujours les mêmes qualités.

Pour les **chevaux de luxe** (*fig.* 247), on tient à trouver

FIG. 249. — Cheval de selle (cheval arabe).

l'élégance des formes, un maintien noble, une allure correcte, la couleur à la mode.

FIG. 250. — Cheval de selle (cheval de Tarbes).

Pour les **chevaux de selle** (*fig.* 248 à 250), la rusticité et la rapidité dans la marche.

Pour les *chevaux de trait léger* (*fig.* 251), la force unie à l'agilité.

Fig. 251. — Cheval de trait léger (cheval percheron).

Fig. 252. — Cheval de gros trait (cheval boulonnais).

Pour les *chevaux de gros trait* (*fig.* 252), une conformation trapue, des muscles courts.

198. Espèce bovine. — Les animaux de l'*espèce bovine* sont tous tôt ou tard destinés à la boucherie ; ce sont tous des *producteurs de viande.* Quelques-uns fournissent en outre du lait, ce sont les *vaches laitières;* et d'autres sont les *bœufs de travail.*

199. Production de la viande. — La *tête*, le *cou* et les *membres* des animaux de boucherie ont peu de valeur. Par

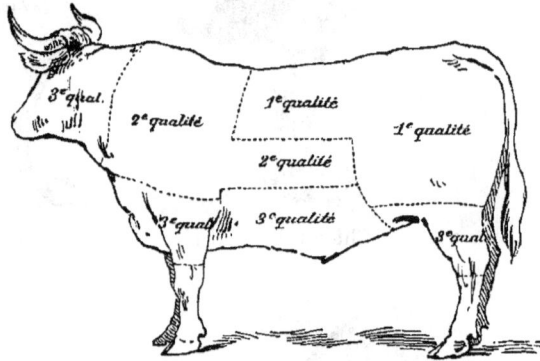

Fig. 253. — Les trois qualités de viande du corps d'un bœuf.

conséquent, plus ces parties seront réduites, meilleur sera l'animal.

C'est la partie du bœuf située entre les hanches, ainsi que la fesse, désignée sous le nom de *culotte*, qui fournissent la meilleure viande, celle de première qualité (*fig.* 253). Il faut donc, dans le choix d'un animal de l'espèce bovine, *rechercher des hanches très écartées et une culotte bien développée.*

200. Production du lait. — Le *lait* est sécrété par les *mamelles*, qui constituent le *pis*.

Le *pis* d'une bonne vache laitière est très gros avant la traite (*fig.* 254); après la traite, il est mou comme une éponge.

Le lait étant produit aux dépens du sang, plus il passe de sang dans le pis, plus il se forme de lait. Or le sang sort du pis par deux veines appelées *veines mammaires*, qui rampent sous le ventre de l'animal et s'enfoncent dans l'intérieur du

FIG. 254. — Vache hollandaise (pis très développé).

corps. Plus ces veines sont grosses, plus il a passé de sang dans le pis et meilleure laitière est la vache.

Un autre caractère important, c'est le développement de l'*écusson* (*fig.* 255). L'écusson est la partie de la peau qui recouvre le derrière de l'animal au-dessus du pis. Il est formé par des poils qui sont dirigés en sens inverse des autres, c'est-à-dire de bas en haut. Un écusson bien développé est le signe distinctif d'une bonne laitière.

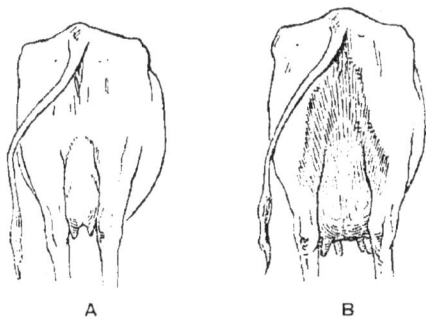

FIG. 255. — A, écusson mal développé; B, écusson bien développé.

201. Production du travail. — On ne fait travailler les bœufs que pendant quelques années, puis on les engraisse. Il faut donc choisir les bœufs de travail comme les bœufs de boucherie, mais toutes les races ne sont pas également propres

au travail. Les meilleurs bœufs de travail sont les *Charolais*,
les *Nivernais*, les *Parthenais* et les *Salers*.

202. Espèce ovine. — Les *moutons* produisent de la
viande et de la *laine*. Les meilleurs seront ceux qui donneront le plus de viande et le plus de laine, c'est-à-dire ceux qui

Fig. 256. — Mouton bien conformé.

auront le corps le plus développé (*fig.* 256) et, par conséquent,
la *toison* la plus étendue.

203. Espèce porcine. — Le choix du *porc* est facile
puisque toutes les parties du corps de cet animal sont comes-

Fig. 257. — Porc bien conformé (type craonais).

tibles. Les porcs qui ont le corps le plus long et le plus épais,
de forme cylindrique (*fig.* 257), sont ceux qui fournissent le
plus de viande.

IV. — SOINS A DONNER AUX ANIMAUX DOMESTIQUES

SOMMAIRE :

Logement..........
- Son but.
- Logement des chevaux (bien aéré et bien sec).
- Logement des bœufs et des vaches laitières (assez chaud et sombre).
- Logement des moutons (bien aéré et bien sec).
- Logement des porcs (bien aéré et propre).

Soins de propreté..
- Très importants.
- Brosser et étriller le corps des animaux.

Soins en cas de maladie. ......
- Surveiller attentivement les animaux domestiques.
- Appeler le vétérinaire aussitôt qu'ils semblent gravement malades.

204. Les animaux domestiques doivent être *bien logés, entretenus avec propreté, soignés promptement et attentivement en cas de maladie.*

205. Logement. — Un bon *logement* a pour but de conserver la santé des individus, de favoriser le fonctionnement des organes, de faciliter la distribution des aliments et l'enlèvement du fumier.

206. *Les chevaux ont besoin d'air et redoutent l'humidité.* L'*écurie* devra donc être spacieuse, sèche et bien aérée (*fig.* 258). Les chevaux placés à côté les uns des autres, sur un ou sur deux rangs, seront séparés par des planches appelées *bat-flancs* (*fig.* 259), suspendues au plafond.

207. *Les bœufs à l'engrais et les vaches laitières redoutent le froid, et la lumière leur est défavorable.* Par conséquent l'*étable* sera plus basse de plafond que l'écurie et les animaux pourront être plus serrés. Les fenêtres seront plus petites et moins nombreuses, de façon qu'il y règne une demi-obscurité.

La plus grande propreté doit être observée à l'étable comme à l'écurie. La litière doit être abondante et fréquemment renou-

FIG. 258. — Fenêtre d'écurie.

velée, le plancher légèrement incliné pour faciliter l'écoule-ment des urines qui se réuniront dans une rigole les condui-

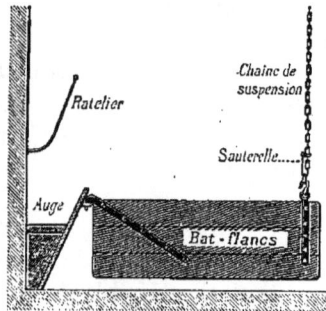

FIG. 259. — Bat-flancs.

sant dans la fosse à purin. Les crèches et les râteliers seront nettoyés chaque jour avec soin.

208. *Les* **moutons** *ayant une toison pour les protéger ne craignent pas le froid.* Au contraire, *ils redoutent la chaleur et l'humidité.* Il faut donc établir la **bergerie**

dans un endroit bien aéré, sous un hangar, par exemple
(*fig.* 260).

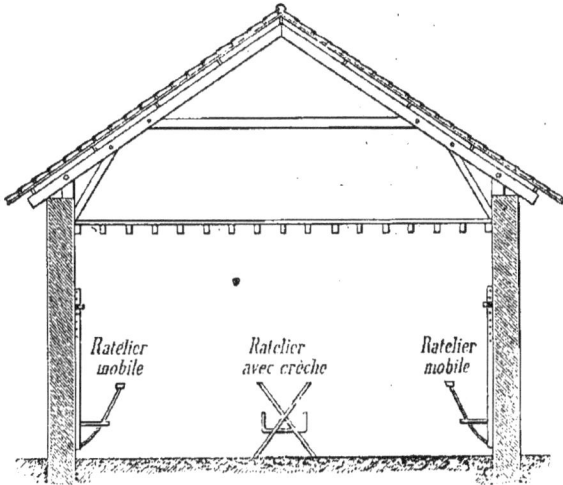

FIG. 260. — Bergerie.

209. Il en est de même pour le logement des **porcs** ; mais
celui-ci doit être divisé en plusieurs loges, afin d'éviter de
mettre ensemble un trop grand nombre d'animaux. Les murs
de ces loges doivent être cimentés jusqu'à une hauteur de
0^m,75, ainsi que le sol.

210. Soins de propreté. — Pour bien se porter,
l'homme a besoin de se laver la figure, les mains et le corps
afin de mettre à nu les pores de la peau et de permettre à
la sueur de sortir. Eh bien, la peau des animaux sécrète
aussi des liquides qui seraient nuisibles à la santé de l'individu s'ils n'étaient éliminés, et il importe de les nettoyer fréquemment pour favoriser ces sécrétions.

Pour cela, on se sert de l'*étrille*, de la *brosse en chiendent*
ou d'un *bouchon de paille*. On détache à l'aide de ces instruments la crasse, la poussière et les pellicules qui bouchent les
pores de la peau.

211. Soins en cas de maladie. — Les animaux domestiques doivent être l'objet d'une surveillance attentive et continuelle, afin de prévenir les accidents et de reconnaître immédiatement ceux qui tombent malades.

Le cultivateur intelligent peut souvent soulager et guérir lui-même un animal indisposé; mais si la maladie semble grave, il faut avoir recours à un vétérinaire et ne pas différer au lendemain, car *le mal pris au début est toujours plus facile à combattre qu'après lui avoir laissé le temps de s'enraciner.*

Parmi les maladies qui frappent les animaux domestiques, il en est qui peuvent se transmettre d'un individu à l'autre : ce sont les **maladies contagieuses;** ex.: la *rage* et le *charbon*, qui peuvent atteindre toutes les espèces; la *tuberculose* et la *fièvre aphteuse*, qui attaquent principalement l'espèce bovine: la *clavelée*, la *gale*, qui se manifestent chez le mouton; la *morve* et le *farcin*, chez le cheval; le *rouget* chez le porc.

On peut prévenir quelques-unes de ces maladies, telles que le charbon, la clavelée, le rouget par une *vaccination* préventive.

Lorsqu'une maladie contagieuse se déclare, il faut immédiatement isoler l'animal et désinfecter le local, afin d'éviter s'il est possible la contagion.

Les autres maladies qui se manifestent le plus fréquemment chez les animaux domestiques sont : la *gourme*, l'*indigestion*, la *congestion pulmonaire*, chez les chevaux; la *météorisation* ou gonflement de la panse, chez les ruminants; la *fièvre vitulaire*, chez les vaches; le *tournis*, la *cachexie aqueuse*, le *piétin*, chez les moutons; la *ladrerie*, chez le porc. Cette dernière maladie est due à une sorte de ver appelé *cysticerque* qui, introduit vivant dans l'appareil digestif de l'homme, y donne naissance au *ver solitaire*. La cuisson prolongée pouvant seule détruire le cysticerque, il faut éviter de manger de la viande de porc insuffisamment cuite.

V. — ANIMAUX DOMESTIQUES EXPLOITÉS EN FRANCE ET PRODUITS QU'ILS FOURNISSENT

SOMMAIRE :

Caractères des Équidés.

Équidés....
- Cheval.
  - Exigences du cheval.
  - Contrée où la production chevaline est le plus développée.
- Ane.
- Mulet.

Estomac des ruminants.
Rumination.

Ruminants.
- Bœuf.
  - Produits fournis.
  - Engraissement.
  - Production du lait
    - Bonnes races laitières.
    - Nourriture des laitières.
    - Vente du lait en nature.
    - Fabrication du beurre.
    - Fabrication du fromage.
- Mouton.
  - Son utilité.
  - Composition du troupeau.
  - Nourriture du troupeau.
  - Tonte des moutons. Engraissement.
- Chèvre.

Suidés.....
- Porc.
  - Son utilité.
  - Nourriture.
  - Engraissement.
  - Soins de propreté.

212. Les animaux domestiques exploités en France comprennent les *Équidés : cheval, âne, mulet;* les **Ruminants** *: bœuf, mouton, chèvre;* les **Suidés** *: porc.*

Équidés.

213. Les *Équidés* sont employés comme moteurs. Leurs membres sont organisés pour la course et se terminent par un seul doigt à l'extrémité duquel se trouve le *sabot.*

L'*estomac* est formé d'une seule poche. Il communique avec l'œsophage par une ouverture qui se referme toujours après le passage des aliments. Ceux-ci ne peuvent remonter dans la bouche : les Équidés ne peuvent vomir, aussi chez ces animaux les indigestions sont souvent très graves.

214. Cheval. — Le *cheval* est l'animal de trait par excellence. Quoique sa viande soit comestible, c'est exclusivement pour en faire un moteur qu'on se livre à sa production.

Toutes les contrées ne conviennent pas à l'élevage du cheval. C'est un animal exigeant, qui demande du bon foin et de l'avoine ; c'est donc dans les régions à pâturages fertiles et à céréales que l'on se livrera de préférence à la production chevaline.

En France, c'est dans la *Normandie*, le *Perche*, l'*Artois*, la *Bretagne*, la *Vendée* et les *Hautes-Pyrénées* que la production chevaline est le plus développée.

FIG. 261. — Ane.

215. Ane. — On dit souvent que l'*âne* (*fig.* 261) *est le cheval du pauvre*. Il est en effet capable de rendre de grands services à cause de sa rusticité et de sa sobriété. Cet animal est rarement malade et peu exigeant sous le rapport de la nourriture. Aussi est-il surtout employé là où on ne pourrait nourrir convenablement le cheval.

216. Mulet. — Le *mulet* (*fig.* 262) provient du croisement de l'*âne* avec la *jument*. Il a des caractères intermé-

diaires entre ces deux animaux. Plus gros et plus fort que
l'âne, il en possède le tempérament et la rusticité. C'est une

FIG. 262. — Mulet.

excellente bête de somme, employée surtout dans les pays de
montagnes.

En France, c'est principalement dans le *Poitou* qu'on se
livre à la production des mulets.

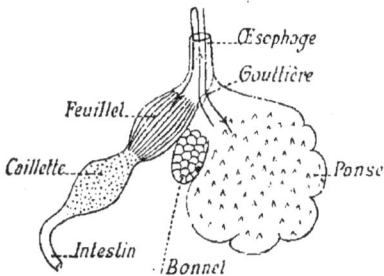

FIG. 263. — Estomac d'un ruminant.

Ruminants.

217. Certains animaux
mâchent deux fois leurs
aliments avant de les digé-
rer : on dit qu'ils **rumi-
nent** et on les appelle
animaux ruminants.

Les **ruminants** ont un *estomac* formé de quatre poches
(*fig.* 263). Ils avalent d'abord les aliments en les divisant
grossièrement : ceux-ci tombent dans la première poche, qui

est beaucoup plus grande que les autres et qu'on nomme la *panse*.

Après les repas, quand la panse est remplie et que les animaux sont tranquilles, les aliments remontent dans la bouche où ils sont réduits en une bouillie beaucoup plus fine, puis ils reviennent de nouveau dans l'œsophage, mais au lieu de tomber dans la panse ils passent dans les autres poches de l'estomac (bonnet, feuillet et caillette), qu'ils traversent successivement pour se rendre dans l'intestin.

218. Bœuf. — Le *bœuf* est exploité pour sa *viande*. La vache nous donne en outre son *lait*, d'où on retire le *beurre* et le *fromage*.

Avant de livrer à la boucherie les animaux de l'espèce bovine on les engraisse.

Fig. 264. — Vache hollandaise.

219. Engraissement. — L'*engraissement* a pour but de faire développer la *graisse* dans le tissu musculaire des animaux pour rendre la viande propre à la consommation.

Cette opération exige une nourriture abondante et de très bonne qualité. Aussi n'est-elle avantageuse que dans les pays possédant de bons herbages, dans ceux cultivant beaucoup de plantes-racines et dans ceux où l'on dispose de résidus d'industrie.

FIG. 265. — Vache normande.

FIG. 266. — Vache suisse de Schwitz.

FIG. 267. — Vache comtoise.

RACES LAITIÈRES

L'*engraissement* se fait tantôt à l'**étable** comme dans le nord de la France, dans les fermes des environs de Paris, dans le Poitou et le Limousin, tantôt au **pâturage** comme dans le Charolais, le Nivernais, la Normandie, l'Auvergne, la Franche-Comté. Dans ce dernier cas, on enferme les animaux dans les herbages jusqu'à ce qu'ils soient gras.

220. Production du lait. — La *production du lait* se fait surtout dans les contrées où l'on fait naître des veaux, dans le voisinage des villes ou des gares donnant accès à une grande ville.

L'humidité du climat est nécessaire pour une abondante production de lait. Toutes les races ne sont pas également bonnes laitières : ce sont les races **hollandaise** (*fig.* 264), **normande** (*fig.* 265), de **Schwitz** (*fig.* 266), **comtoise** (*fig.* 267), qui produisent le plus de lait.

Les vaches laitières ont besoin d'une alimentation riche en eau. L'herbe verte leur convient très bien ; l'hiver, on leur donne des racines auxquelles on ajoute des tourteaux délayés dans de l'eau.

Le lait est tantôt vendu en nature dans les villes, tantôt transformé en **beurre** ou en **fromage**.

221. Fabrication du beurre. — Pour fabriquer le **beurre**, on abandonne le lait au frais dans des vases en terre (*fig.* 268). La *crème*, qui renferme la matière grasse du lait, c'est-à-dire le beurre, monte à la surface, car elle est plus légère que le reste du liquide. On enlève cette crème qu'on conserve dans un vase jusqu'au *barattage*.

FIG. 268. — Terrine pour faire crémer le lait.

La **crème** est composée de gouttelettes de beurre en suspension dans un liquide qu'on appelle le *petit-lait*. Le *barattage* a pour but de réunir, d'amonceler les gouttelettes de beurre de façon à pouvoir les séparer du petit-lait. Pour cela on agite fortement la crème dans une *baratte* (*fig.* 269). Au bout d'une demi-heure environ, les globules de beurre sont réunis en une ou plusieurs masses qu'on retire de la baratte. On pétrit alors le beurre pour en·séparer le petit-lait : c'est le *délaitage*.

FIG. 269. — Baratte normande.

Le délaitage doit être bien effectué, car un beurre mal délaité se conserve difficilement : il rancit beaucoup plus vite.

Pour conserver le beurre, on y ajoute une petite quantité de sel : c'est le *salage*.

222. Fabrication du fromage. — Lorsque le lait est abandonné à lui-même, il **caille** au bout de quelques jours, c'est-à-dire qu'il se prend en une masse compacte qu'on nomme le *caillé*, au-dessus duquel se trouve la crème.

Le **fromage** n'est pas autre chose que du *lait caillé* qu'on fait *égoutter* et qu'on laisse *fermenter*. Seulement on fait cailler le lait immédiatement après la traite, de façon que la crème reste parmi le caillé. Pour cela on se sert de *présure*. La **présure** est une substance extraite de l'estomac des jeunes veaux. On met quelques gouttes de ce liquide dans le lait au sortir de la traite, et au bout de quelques heures il est caillé.

Le lait caillé est versé dans des moules où il s'égoutte; on le sale et on le porte dans les caves où il fermente.

La fabrication d'un fromage présente donc trois opérations principales :

1° La coagulation du lait;
2° L'égouttage du caillé;
3° La fermentation.

Il existe un grand nombre d'espèces de fromages. Leurs caractères dépendent des détails de la fabrication et de la manière dont s'accomplit la fermentation.

FIG. 270.
Fromage de Camembert.

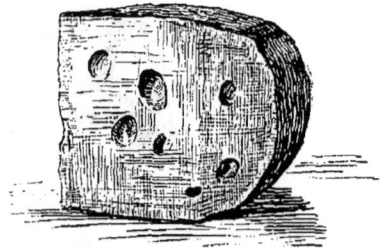

FIG. 271.
Fromage de Gruyère.

Les fromages les plus répandus et les plus estimés : sont le **Camembert** (*fig.* 270), fabriqué principalement en Normandie; le **Gruyère** (*fig.* 271), qui provient de la Franche-Comté et de la Suisse; le **Roquefort**, fait avec le lait des brebis dans les départements du Lot et de l'Aveyron.

223. Mouton. — Le *mouton* est élevé pour sa chair et pour sa laine. C'est un animal peu exigeant, tirant parti de l'herbe courte des coteaux secs, de celle qui pousse dans les chaumes des céréales, des feuilles de betteraves abandonnées dans les champs après l'enlèvement des racines.

On élève les moutons en **troupeaux** dont la surveillance et l'entretien sont confiés à un **berger**. Le *troupeau* se compose des *brebis mères*, des mâles appelés *béliers* et des jeunes qui sont les *agneaux*.

Le troupeau passe la bonne saison aux champs. L'hiver, on le rentre à la *bergerie* où on le nourrit avec du fourrage sec,

FIG. 272. — Bélier mérinos.

FIG. 273.
Race southdown.

FIG. 274.
Race dishley.

FIG. 275.
Race berrichonne.

RACES OVINES

des betteraves, des carottes, des navets, des pommes de terre, etc.

On *tond* les moutons une fois chaque année, lorsque les froids sont passés, c'est-à-dire dans le courant de mai. Avant d'opérer la tonte, il est bon de leur laver la toison sur le dos.

Pour vendre les animaux on les engraisse. L'engraissement peut se faire au pâturage ou à la bergerie. Dans la *Beauce*, la *Brie*, on engraisse les moutons en les menant paître sur les chaumes après l'enlèvement des céréales; dans la *Normandie*, l'*Auvergne*, le *Berry*, on leur fait consommer l'herbe des prairies refusée par les bœufs. Dans le nord de la France, on les engraisse avec des pulpes provenant des sucreries ou des distilleries de betteraves.

Les races de moutons les plus répandues sont la race **mérinos** (*fig.* 272), la race **southdown** (*fig.* 273), la race **dishley** (*fig.* 274), la race **berrichonne** (*fig.* 275).

FIG. 276. — Chèvre et chevreau.

224. Chèvre. — La *chèvre* (*fig.* 276) est la *vache du pauvre*. Elle rend en effet de grands services dans les contrées peu fertiles où l'on ne pourrait entretenir de bovidés. La chèvre trouve sa nourriture là où les autres ruminants périraient de faim. Elle est très agile et dans les pays de montagnes elle gravit les pentes escarpées pour aller à la recherche de sa nourriture.

Comme produit, la chèvre nous donne son lait avec lequel on fait du fromage. La chair des jeunes *chevreaux* est estimée, mais celle des chèvres est de médiocre qualité.

En France, c'est dans les *Cévennes*, les *Alpes*, les *Pyré-*

nées, le *Poitou* que l'on élève le plus de chèvres. Cet élevage se fait comme celui des moutons et on les nourrit de la même façon à l'étable.

Suidés.

225. Les **Suidés** se distinguent par leur peau épaisse recouverte de poils rudes qu'on appelle des *soies*. A l'état domestique les Suidés sont représentés par le *porc*, et à l'état sauvage par le sanglier.

226. Porc. — On trouve le **porc** dans presque toutes les exploitations. C'est un animal très utile parce qu'il permet de tirer parti des eaux de lavage de la cuisine, du petit-lait et de beaucoup d'autres résidus qui sans lui seraient perdus.

La femelle se nomme **truie ;** le mâle s'appelle **verrat.** La truie donne huit à dix **porcelets,** qu'elle nourrit de son lait pendant six semaines environ.

On leur donne ensuite du petit-lait, des lavures de vaisselle avec des pommes de terre et un peu de farine d'orge.

Dans certaines contrées, on envoie les jeunes porcs au pâturage, ou dans la forêt où ils dévorent les glands et les faînes.

L'engraissement du porc se fait soit avec du petit-lait, soit avec des pommes de terre ou des châtaignes auxquelles on ajoute de la farine d'orge ou de maïs et des tourteaux.

Le porc doit être tenu très proprement. Il n'aime pas la saleté comme on le croit généralement, mais il craint la chaleur et il faut mettre de l'eau à sa disposition pour qu'il puisse s'y baigner et pour l'empêcher de se vautrer dans la boue.

Le porc nous donne sa viande. Elle se conserve facilement dans le sel et constitue dès lors le *salé ;* la partie grasse, le *lard*, est d'un usage universel ; les morceaux les plus fins, cuisses et épaules, deviennent les *jambons*, qui se vendent le plus souvent fumés. Avec les bas morceaux, on fait des *saucisses*, des *saucissons*, des *rillons* et des *rillettes ;* enfin le sang sert à faire du *boudin*.

Les principales races de porcs sont : la race **craonaise** (*fig.* 257), la race **normande** (*fig.* 277), la race **périgourdine** (*fig.* 278) et les races **anglaises** (*fig.* 279).

FIG. 277. — Race normande.

FIG. 278. — Race périgourdine.

FIG. 279. — Race anglaise.

RACES DE PORCS

RÉSUMÉ

Les *animaux domestiques* sont destinés à transformer certaines substances végétales de façon à en tirer le meilleur parti possible. Ils fournissent à l'homme des produits de première utilité.

Reproduction. — On appelle *reproducteurs* les animaux destinés à en produire d'autres.

Les jeunes animaux héritent des qualités et des défauts de leurs parents. Il faut donc toujours choisir de bons reproducteurs.

On améliore les races d'animaux par la *sélection* et la *gymnastique fonctionnelle*.

Alimentation. — Les *aliments* sont les substances qui servent à entretenir la vie de l'animal et qui concourent à son développement. Ils subissent dans le *tube digestif* des transformations qui ont pour but de les rendre assimilables. Le *tube digestif* se compose de la *bouche*, de l'*œsophage*, de l'*estomac*, de l'*intestin grêle* et du *gros intestin*. Pour faciliter la digestion des aliments, on les broie, on les divise ou on les cuit.

La *ration alimentaire* est l'ensemble des aliments que l'on donne chaque jour à un animal. Une ration bien constituée comprend trois sortes d'aliments : du *foin* ou de *l'herbe verte*, un *aliment concentré*, un *aliment grossier*.

Les *repas* doivent *toujours* avoir lieu aux mêmes heures.

Choix. — Pour choisir les animaux de l'espèce chevaline qui sont employés comme *moteurs*, il faut examiner leur *conformation* (tête, tronc, membres), leur *caractère* et leurs *aptitudes spéciales*.

Les animaux de l'espèce bovine, ovine et porcine étant destinés tôt ou tard à la boucherie, il faut préférer ceux qui donnent le plus de viande de meilleure qualité (corps allongé, culotte développée, hanches écartées, tête et membres réduits).

Les bonnes vaches laitières ont un *pis* très développé, des *veines mammaires* très grosses et un *écusson* très étendu.

Soins. — Les soins à donner aux animaux domestiques comprennent le *logement*, les *soins de propreté* et les *soins en cas de maladie*.

Les chevaux et les moutons réclament un logement sec et bien aéré. Les bœufs à l'engrais et les vaches laitières ont besoin d'un logement assez chaud et un peu sombre. Le porc doit être logé dans un local bien aéré, facile à laver et dont les murs et le sol soient cimentés.

Les *soins de propreté* consistent dans le nettoiement de la peau des animaux à l'aide de l'*étrille*, de la *brosse* et du *bouchon de paille*.

En cas de maladie grave, il faut appeler aussitôt le vétérinaire.

Animaux exploités et leurs produits. — Les *Équidés* sont employés comme moteurs. Ce sont : le *cheval*, l'*âne* et le *mulet*.

L'élevage du *cheval* se fait principalement dans la Normandie, le Perche, l'Artois, la Bretagne, la Vendée et les Pyrénées.

L'*âne* est très rustique : c'est le cheval du pauvre.

Le *mulet* provient du croisement de l'âne avec la jument. C'est une excellente bête de somme.

Les **Ruminants** nous fournissent tous leur viande; quelques-uns nous donnent en outre du lait et de la laine. Les ruminants sont : le *bœuf*, le *mouton* et la *chèvre*.

L'*engraissement* des ruminants pour la production de la viande se fait à l'étable et au pâturage.

La *production du lait* se fait dans le voisinage des villes, dans les contrées humides ou montagneuses. Avec le lait on fabrique le *beurre* et le *fromage*.

Les **Suidés** nous fournissent leur viande. Ils comprennent une seule espèce domestique, le *porc*. Cet animal utilise beaucoup de résidus sans valeur. On le nourrit avec du petit-lait, des pommes de terre, de la farine d'orge ou de maïs et des tourteaux.

SUJETS DE DEVOIRS

1. Quels sont les animaux domestiques qu'on rencontre dans la ferme ? — Pourquoi sont-ils nécessaires ? — Énumérez les services qu'ils rendent et les produits qu'ils fournissent.

2. Qu'appelle-t-on ration alimentaire ? — De quoi se compose une ration bien constituée ? — Comment augmente-t-on la digestibilité des aliments ?

3. Quels sont les caractères d'une bonne vache laitière ? — Quelles sont les races qui fournissent les meilleures laitières ? — Quelle nourriture faut-il leur donner ?

4. Parlez des soins à donner aux animaux : soins de propreté et soins en cas de maladie.

5. Qu'appelle-t-on ruminants ? — Comment s'effectue la rumination ? — Quels sont les ruminants utilisés comme animaux domestiques et quels produits nous fournissent-ils ?

6. Dites ce que vous savez de l'élevage du mouton, de sa nourriture, de la tonte et de l'engraissement.

7. Fabrication du beurre, traite des vaches, crémage du lait, barattage, délaitage, conservation du beurre.

Sujets donnés aux examens du C. E. P.

8. Les principaux animaux de la ferme, les produits qu'ils donnent ou les services qu'ils rendent.

9. L'appareil digestif est-il le même chez tous les animaux? — Comment fonctionne l'estomac des ruminants?

10. Hygiène des animaux domestiques. — Logement ou habitation des auxiliaires de l'homme. — Aération. — Soins de propreté. — Nourriture.

11. Le porc. — Nourriture et engraissement du porc. — Salaison de la viande. — Ladrerie.

CHAPITRE II

ANIMAUX DE BASSE-COUR

SOMMAIRE :

Caractères des oiseaux de basse-cour.

Importance des animaux de basse-cour.

I. **Poule**........ {
Inconvénients de l'élevage en liberté.
Élevage dans un enclos.
Races de poules.
Production des œufs.
Production des poussins.
Élevage des poussins.
Engraissement des poulets.

II. **Canard**...... {
Caractères.
Élevage.
Races.

III. **Oie**......... {
Élevage.
Engraissement.

IV. **Dindon**. . . . {
Oiseau très délicat dans sa jeunesse.
Le soustraire au froid et à l'humidité.

V. **Pintade**.

VI. **Pigeon**...... {
Colombier. — Élevage.
Variétés de pigeons {
pigeons comestibles.
— de luxe.
— voyageurs.

VII. **Lapin**...... {
Reproduction rapide.
Nourriture.

227. Les *animaux de basse-cour* comprennent des *oiseaux :* poule, canard, oie, dindon, pintade, pigeon, et un *mammifère*, le lapin. Ils sont élevés dans une partie de la ferme appelée la *basse-cour*.

228. Caractères des oiseaux de basse-cour. — Les *oiseaux* diffèrent des autres animaux en ce qu'ils ont le corps couvert de plumes et qu'ils sont pourvus d'ailes leur permettant de s'élever plus ou moins facilement dans les airs.

Leur *appareil digestif* (*fig.* 280) est aussi bien différent de celui des mammifères. Les oiseaux n'ont pas de dents. Ils se nourrissent de graines qu'ils avalent sans les mâcher. Ces graines passent par l'*œsophage* dans une première poche qui s'appelle le *jabot*, puis dans un deuxième estomac, le *ventricule succenturié*, et enfin dans le *gésier*. Le gésier est un petit sac musculaire dont les parois sont très épaisses. Les aliments y sont réduits en pâte, grâce à leur mélange avec de petites pierres que les oiseaux ont soin d'avaler avec les graines qu'ils mangent.

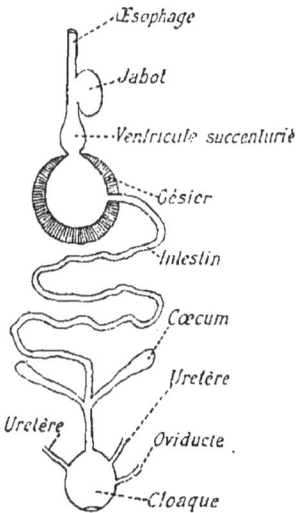

FIG. 280.— Appareil digestif des oiseaux.

Œsophage
Jabot
Ventricule succenturié
Gésier
Intestin
Cœcum
Uretère
Uretère
Oviducte
Cloaque

229. Importance des animaux de basse-cour. — Dans toutes les petites exploitations, on doit élever des animaux de basse-cour, non seulement pour s'en nourrir, mais aussi parce que leur vente permet d'augmenter les bénéfices et de faire face à la plupart des menues dépenses du ménage.

Mais pour être lucratif, l'élevage de ces animaux doit être fait avec intelligence. Il ne faut pas les laisser errer au hasard, les abandonner à la recherche de leur nourriture. *Comme le gros bétail, les animaux de basse-cour doivent être nourris au maximum.*

I. — POULE

230. La **poule** nous fournit sa chair, qui est très estimée, et ses œufs.

Ce volatile est assez délicat. Il redoute surtout l'*humidité* et la *chaleur*.

231. Dans beaucoup de fermes, l'élevage des poules se fait en complète liberté. On les laisse errer dans la cour et dans les champs environnants. La santé des individus s'accommode bien de ce régime, mais les dégâts occasionnés par les poules sont parfois tellement grands que loin d'avoir du profit on est souvent en perte avec ce mode d'élevage.

FIG. 281. — Race de Crèvecœur.

232. Il est donc préférable de leur consacrer un espace limité par un treillage en fil de fer, ombragé d'arbres et en partie planté d'herbe, car la volaille aime le gazon. Un *poulailler*

FIG. 282. — Race de Bresse.

placé dans un coin leur servira de refuge pendant la nuit. Le poulailler doit être entretenu avec une grande propreté, afin d'éviter les maladies contagieuses et les poux.

233. Races de poules. — Il existe un grand nombre de races de poules. Pour la qualité de la chair, les meilleures sont celles de *Crèvecœur* (*fig.* 281), de *Bresse* (*fig.* 282),

Fig. 283. — Race de Houdan.

de *Houdan* (*fig.* 283), de *La Flèche* (*fig.* 284), du *Mans*. Toutes ces races sont également bonnes pour la ponte des

Fig. 284. — Race de La Flèche.　　Fig. 285. — Race Dorking.

œufs, mais la race de Crèvecœur est plus délicate à élever. La poule de Bresse, au contraire, est très rustique.

Parmi les races étrangères, les plus répandues sont la race **Dorking** (*fig.* 285) et la race *cochinchinoise* (*fig.* 286).

FIG. 286. — Race cochinchinoise.

Autant que possible, il faut élever la race du pays où l'on se trouve, en l'améliorant par le choix des plus beaux sujets et une nourriture abondante.

234. Production des œufs. — La poule commence à pondre vers l'âge de 8 à 10 mois. La première année, elle ne pond pas beaucoup et ses œufs sont de petite dimension. C'est la deuxième année que la ponte est la meilleure. La troisième année, le nombre des œufs diminue. Il faut, après cette troisième année de ponte, se débarrasser des poules et les remplacer, car leur chair devient dure et coriace.

235. Production des poussins. — C'est ordinairement au printemps que l'on met *couver* les poules. On leur donne de 13 à 15 œufs. L'éclosion a lieu au bout de trois semaines.

On peut encore faire éclore des poussins à l'aide de **couveuses artificielles** (*fig.* 287). Ce sont des sortes de boîtes dans lesquelles les œufs sont maintenus à une température constante de 39 à 40° à l'aide d'une lampe ou d'une enveloppe d'eau chaude. Ces appareils, qui exigent une attention conti-

nue, ne sont guère pratiques que pour ceux qui se livrent
spécialement à l'élevage de la volaille.

Fig. 287. — Couveuse artificielle.

236. Élevage des poussins. — Les petits *poussins* doivent être l'objet de beaucoup de soins et maintenus dans une
propreté extrême. Il faut, dès leur naissance, leur donner une
nourriture abondante consistant en mie de pain, graines
cuites, farine, riz, etc. Parmi les poulets, on choisit les plus
beaux, les mieux bâtis pour les conserver comme reproducteurs. Les autres sont vendus ou engraissés.

237. Engraissement des poulets. — Pour pratiquer
l'*engraissement* de la volaille, il faut la maintenir immobile
dans l'obscurité. On enferme les poulets dans des cages
étroites appelées **épinettes** et on les bourre de nourriture
qu'on leur fait avaler de force. Cette nourriture consiste
tantôt dans des graines, tantôt dans des pâtées de farine de
maïs, d'orge ou de sarrasin, humectées de lait.

Les poulets gras se nomment **chapons** et **poulardes**.

II. — CANARD

238. Le **canard** est un *palmipède*, c'est-à-dire un oiseau
dont les doigts sont réunis par une membrane qui lui sert de
rame pour nager.

239. Le canard est aquatique, il vit principalement sur l'eau où il barbote et trouve une partie de sa nourriture. Il est d'ailleurs très rustique et très facile à élever, aussi toutes les pièces d'eau devraient-elles être utilisées à cet élevage sauf cependant celles où l'on désire garder des poissons, car les canards en détruisent beaucoup.

Fig. 288. — Canard de Rouen.

240. Il nous fournit ses œufs et sa chair. La *cane* commence à pondre dès la fin de février. Elle pond un œuf tous les deux jours pendant deux ou trois mois, puis elle veut couver. C'est une mauvaise couveuse, aussi préfère-t-on souvent confier ses œufs à des poules.

L'*incubation* dure quatre semaines. Quelques jours après l'éclosion, les petits vont sur l'eau où ils se procurent une partie

Fig. 289. — Canard de Pékin.

de leur nourriture. Comme complément, on leur donne une pâtée de son, de pommes de terre cuites et de feuilles d'orties hachées menu.

Vers l'âge de trois mois, quand ses ailes sont croisées, le canard est bon à manger.

241. Le meilleur canard est le **canard de Rouen** (*fig.* 288). Il est de couleur grise. Le mâle a le cou brillant.

Le **canard d'Aylesbury** et le **canard de Pékin** (*fig.* 289) sont blancs. Celui de **Labrador** est noir. Le **canard d'Inde** ou de *Barbarie* est élevé dans le midi de la France, où il donne, par croisement, de gros canards qu'on appelle des **mulards**. On engraisse ces mulards et leur foie, qui est très gros, sert à faire des pâtés excellents et renommés.

III. — OIE

242. L'*oie*, comme le canard, est un *palmipède*, mais elle vit principalement sur terre. Elle ne va sur l'eau que pour boire et se nettoyer.

243. On élève les oies en troupeaux qu'on mène dans les champs. Elles paissent l'herbe et ramassent les épis après la récolte des céréales. Le mâle de l'oie s'appelle *jars.*

Au printemps, la femelle pond 15 à 20 œufs qu'elle couve

FIG. 290. — Oie de Toulouse.

ensuite pendant 30 jours. On surveille l'éclosion, qui est assez difficile. On nourrit les jeunes avec des feuilles de choux finement hachées.

244. L'oie nous donne sa *plume* et sa *chair*. Vers l'âge de huit mois, on engraisse les jeunes. Pour cela, on les tient étroitement enfermées et on les nourrit abondamment avec de l'orge ou du maïs. On fait également des pâtés de foies d'oies grasses.

La meilleure race est celle de **Toulouse** (*fig.* 290).

IV. — DINDON

245. Le *dindon* (*fig.* 291) est un *gallinacé* comme la poule. Son élevage se fait en troupeaux que l'on mène paître dans les champs, mais le dindon est très délicat dans sa jeunesse et il faut lui donner beaucoup de soins.

FIG. 291. — Dindon.

246. La *dinde* pond 15 à 20 œufs au printemps et une douzaine à l'automne; on ne fait couver que les œufs de printemps. La dinde est une très bonne couveuse. L'éclosion a lieu au bout de 28 à 30 jours. Les jeunes *dindonneaux* sont très sensibles au froid et à l'humidité, surtout vers l'âge de deux mois où ils **prennent le rouge**, c'est-à-dire où les côtés de la tête et le cou se colorent en rouge. Ensuite, ils deviennent très robustes et c'est alors qu'on les conduit au pâturage.

Vers l'âge de 5 à 6 mois, on engraisse les dindons pour les vendre. C'est l'oiseau de basse-cour dont la chair est le plus estimée et se vend le plus cher.

V. — PINTADE

247. La **pintade** est aussi un *gallinacé* qui donne une chair excellente ; mais son élevage est peu répandu, parce que

Fig. 292. — Pintade.

cet oiseau n'aime guère la captivité et vit en mauvaise intelligence avec les autres oiseaux de basse-cour. Cet élevage se fait comme celui du dindon.

VI. — PIGEON

248. Le **pigeon** nous fournit sa chair qui est très estimée. Son élevage se fait dans un *pigeonnier* ou *colombier*. C'est un bâtiment ou une tour où les pigeons viennent se réfugier la nuit. Pendant le jour, ils sont à la recherche de leur nourriture.

249. Les pigeons aiment le calme et la tranquillité. Le bruit les fait fuir de leur pigeonnier. Il faut donc établir celui-ci dans le coin le plus silencieux de la ferme.

FIG. 293. — Pigeon bizet
(comestible).

FIG. 294.—Pigeon bleu anversois
(voyageur).

FIG. 295. — Pigeon culbutant
(race de luxe).

FIG. 296. — Pigeon capucin
(race de luxe).

FIG. 297. — Pigeon trembleur
(race de luxe).

FIG. 298. — Pigeon Boulan
(race de luxe).

RACES DE PIGEONS

250. La femelle du pigeon fait trois ou quatre pontes par an. Chaque ponte est de deux œufs qu'elle couve ensuite. L'incubation dure 17 jours.

251. Il existe un grand nombre de variétés de pigeons. Il y a les **races comestibles** (*fig.* 293); puis les **races de luxe** (*fig.* 295 à 298), qui se distinguent par quelque caractère original et qui atteignent des prix très élevés; enfin les **pigeons voyageurs** ou *messagers* (*fig.* 294), utilisés surtout en temps de guerre pour le transport des dépêches.

FIG. 299. — Clapier.

VII. — **LAPIN**

252. Le **lapin** est un mammifère de l'ordre des *rongeurs*. Les rongeurs se distinguent par leurs dents incisives qui sont très développées, et par l'absence de canines.

253. L'habitation du lapin s'appelle le *clapier* (*fig.* 299). Le lapin se reproduit très rapidement. Une femelle peut donner 6 à 7 portées par an de 5 à 6 petits chacune. Pendant le premier mois, les jeunes *lapereaux* se contentent du lait de leur mère ; ensuite on leur donne de la nourriture.

254. Le lapin est peu exigeant. Il aime beaucoup les choux, la luzerne, les laiterons et autres herbes des jardins. On peut ajouter à cette nourriture verte du son et des pommes de terre.

Il faut surtout éviter de lui donner de l'herbe mouillée.

RÉSUMÉ

Les ***animaux de basse-cour*** comprennent des *oiseaux* et un *mammifère*, le lapin.

Les oiseaux se distinguent des autres animaux en ce que leur corps est couvert de plumes et pourvu d'ailes. Leur appareil digestif comprend : l'*œsophage*, le *jabot*, le *ventricule succenturié*, le *gésier* et l'*intestin*.

Poule. — Elle nous fournit ses œufs et sa chair. Les meilleures races sont celles de ***Crèvecœur***, de ***Bresse***, de ***La Flèche***, du ***Mans*** et de ***Houdan***.

L'incubation se fait à l'aide des poules ou des ***couveuses artificielles***. Elle dure trois semaines. Les jeunes poussins doivent être élevés proprement et bien nourris. Ils redoutent l'humidité et la chaleur. Les poulets gras se nomment *chapons* et *poulardes*.

Canard. — C'est un *palmipède* qui vit en partie sur l'eau. Il est rustique et facile à élever.

L'incubation dure quatre semaines. On nourrit les jeunes avec un mélange de son, de pommes de terre et de feuilles d'ortie hachées.

Les principales races sont celles de ***Rouen***, d'***Aylesbury***, de ***Labrador***, d'***Inde***.

Oie. — L'oie est aussi un palmipède, mais elle vit principalement sur terre. Le mâle s'appelle *jars*.

L'oie pond 15 à 20 œufs qu'elle couve pendant 30 jours.

Les jeunes oies sont élevées en troupeaux qu'on mène paître aux champs. On les engraisse vers l'âge de 8 mois.

La meilleure race est celle de ***Toulouse***.

Dindon. — Il s'élève, comme l'oie, en troupeaux qu'on mène paître.

L'incubation dure quatre semaines. Les jeunes sont très délicats à élever et très sensibles au froid. On les engraisse à 5 ou 6 mois. Leur chair est très estimée.

Pintade. — Son élevage est peu répandu à cause du mauvais caractère de cet oiseau. Cet élevage se fait comme celui du dindon.

Pigeon. — Le *pigeon* vit dans le *colombier*. Il aime le calme et la tranquillité.

La femelle fait trois ou quatre pontes par an. L'incubation dure 17 jours.

On divise les races de pigeons en **races comestibles, races de luxe** et **pigeons messagers.**

Lapin. — Le *lapin* est un *rongeur* qui vit dans le *clapier*. La femelle donne chaque année six à sept portées de cinq à six petits chacune.

Le lapin est peu exigeant sous le rapport de la nourriture, mais il redoute l'herbe mouillée.

SUJETS DE DEVOIRS

1. Caractères des oiseaux de basse-cour. — Citez les oiseaux de basse-cour que vous connaissez, en indiquant les produits qu'ils nous fournissent.

2. Dites ce que vous savez de l'élevage de la poule.

3. Le pigeon, son habitation, son élevage ; races de pigeons.

Sujets donnés aux examens du C. E. P.

4. Quels sont les oiseaux de basse-cour ? — Indiquez très sommairement les services qu'ils rendent et dites comment on les élève et les nourrit.

5. La basse-cour. — Soins aux volailles, alimentation, hygiène, produits retirés.

6. Les différentes volailles de notre pays. — Produits qu'elles nous donnent. — Comment les élève-t-on ?

CHAPITRE III

ÉLEVAGE DES ABEILLES

SOMMAIRE :

255. Les abeilles. — Les abeilles sont des insectes de la famille des *hyménoptères*, famille comprenant les insectes dont le corps est pourvu de quatre ailes membraneuses et la bouche disposée pour lécher.

256. Les abeilles vivent en société et font pendant l'été provision de nourriture pour l'hiver. Cette nourriture est le **miel**, qui se trouve logé dans des cellules en **cire** (*fig.* 300).

Elles fabriquent le miel et la cire avec le *nectar* des fleurs, liquide sucré que sécrètent de petites glandes situées à la base des pétales. Elles ramassent également du **pollen** pour la nourriture des larves et du **propolis** pour calfeutrer les fentes de la ruche. Elles rapportent ces substances dans une cavité située à leur troisième paire de pattes et qu'on nomme *corbeille*.

----Alvéole de mâle

Alvéoles de reine----

----Alvéole d'ouvrière

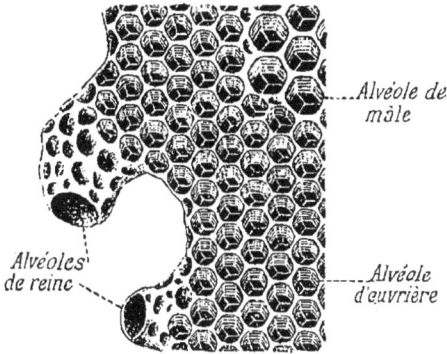

Fig. 300. — Rayons de miel avec les trois sortes de cellules.

257. L'élevage des abeilles s'appelle **apiculture ;** son but est de nous procurer le miel et la cire. Cet élevage se fait dans des **ruches ;** il demande peu de travail et donne un profit assez élevé. Il suffit de quelques soins intelligents pour réussir ; aussi dans chaque exploitation devrait-on trouver quelques ruches.

A, reine.

258. Différentes sortes d'abeilles.

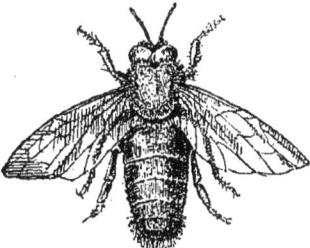

B, faux-bourdon.

C, ouvrière.

Fig. 301. — Les trois sortes d'abeilles.

— Dans chaque ruche il y a trois sortes d'abeilles : la **reine,** les **mâles** et les **ouvrières**.

C'est la *reine* qui pond les œufs donnant naissance, suivant la forme des cellules, à des reines, à des mâles ou à des ouvrières (*fig.* 301). Elle se distingue des ouvrières par son corps plus allongé, ses ailes plus courtes. Il n'y a jamais qu'une seule reine dans chaque ruche.

Les *mâles* ou *faux-bourdons* ont la tête arrondie, les yeux

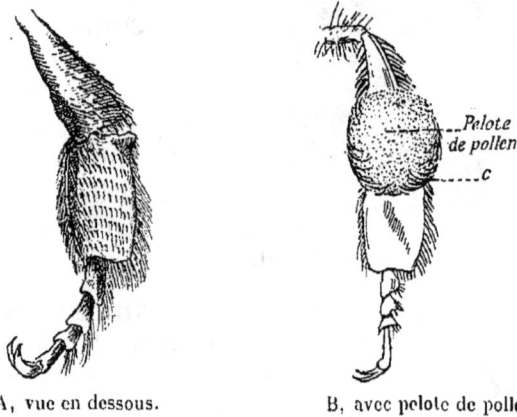

A, vue en dessous.   B, avec pelote de pollen.

Fig. 302. — Patte postérieure d'ouvrière.

plus gros, le corps plus court ; ils sont dépourvus d'aiguillons.

Les *ouvrières* ont la troisième paire de pattes modifiée (*fig.* 302). Elle est creusée d'une cavité et couverte de poils qu'on appelle *râteau* et *brosse*. Les ouvrières sont pourvues d'un aiguillon communiquant avec deux glandes qui constituent l'appareil à venin.

259. Essaimage. — Quand les abeilles deviennent trop nombreuses dans une ruche, elles se séparent en deux groupes. Le groupe qui s'en va, et qui est toujours accompagné de la reine, s'appelle un **essaim**. Les abeilles qui restent élèvent une jeune reine. Une ruche peut donner plusieurs essaims par an.

260. Ennemis des abeilles. — Certains insectes s'attaquent aux abeilles ou au miel ; ce sont la **gallérie** ou *teigne de la cire*, papillon qui pond dans les ruches et dont les chenilles dévorent les rayons de cire ; le *sphinx tête-de-mort* (*fig.* 303), gros papillon qui pénètre dans les ruches pour se nourrir de miel ; le *méloë proscarabée* dont la larve fait périr les abeilles ; le *philante apivore,* sorte de guêpe qui pique les abeilles et les tue.

Une maladie contagieuse qui fait de grands dégâts dans les

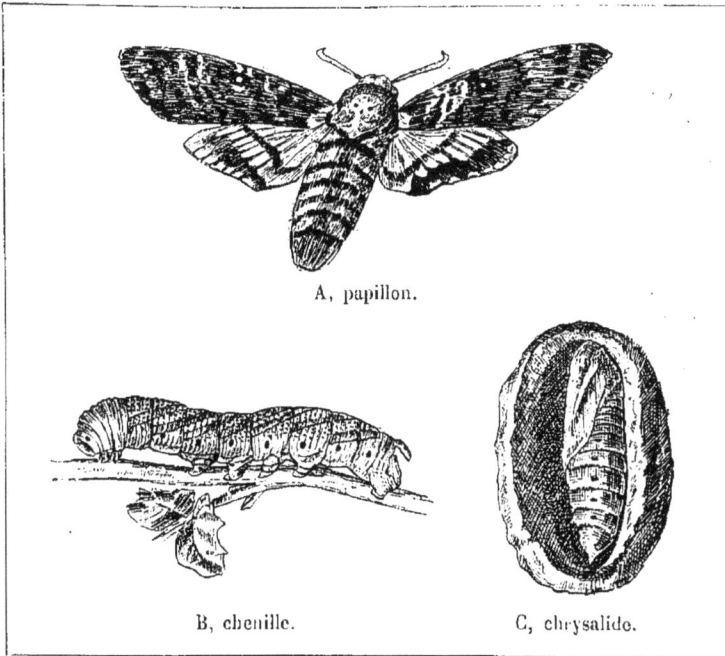

A, papillon.

B, chenille.   C, chrysalide.

FIG. 303. — Sphinx tête-de-mort.

ruchers est la *loque*. Elle est due à un microbe. On la combat par des lavages et des fumigations d'*acide salicylique*.

261. Rucher. — L'endroit où l'on établit les ruches se nomme le *rucher*. Il doit être placé dans un endroit ombragé et dans le voisinage des fleurs.

Les ruches dont on se sert pour élever les abeilles sont de différentes formes.

Les anciennes ruches se composent simplement d'un cône en osier enduit d'un mélange de chaux et de bouse de vache : ce sont des **ruches fixes** (*fig.* 304). Pour avoir le miel, il faut étouffer ou transvaser les abeilles.

FIG. 304.
Ruche fixe.

FIG. 305.
Ruche à cadres mobiles.

Aujourd'hui on préfère les **ruches à cadres mobiles** (*fig.* 305). Les abeilles y construisent leurs rayons dans des cadres de bois indépendants les uns des autres et que l'on peut retirer à volonté (Ruche de Layens, ruche Dadant, etc.)

262. Travaux du rucher. — Pendant l'hiver, il ne faut pas toucher aux ruches ; il faut tout simplement éviter que la glace ou la neige n'en obstruent l'entrée et empêchent l'accès de l'air.

Au printemps, il faut empêcher le soleil de frapper sur les ruches, car cela excite les abeilles à sortir trop tôt et elles sont victimes du froid.

C'est au mois de mars que commencent les travaux de l'apiculteur. Il faut alors visiter les ruches pour s'assurer que la provision de miel suffit à la nourriture des abeilles et pour voir si toutes les colonies ont conservé leur mère. S'il y a des ruches sans reine, il faut leur en donner une.

Pour stimuler la ponte de la mère, on nourrit les abeilles avec du sucre vers le mois d'avril. Alors en mai, au moment où se fait la plus grande récolte de miel, les abeilles sont très nombreuses.

263. Récolte du miel. — La récolte du miel a lieu à partir du mois de juin. Pour enlever le miel des ruches fixes, il faut transvaser les abeilles ou les asphyxier momentanément avec de la fumée.

Avec les ruches à cadres, il suffit de retirer les cadres mobiles en brossant les abeilles qui les recouvrent. On les replace quand la récolte est terminée.

264. Extraction du miel. — Le miel, avons-nous dit, est renfermé dans des cellules en cire. En pressant fortement les gâteaux, le miel s'écoule et il reste la cire brute.

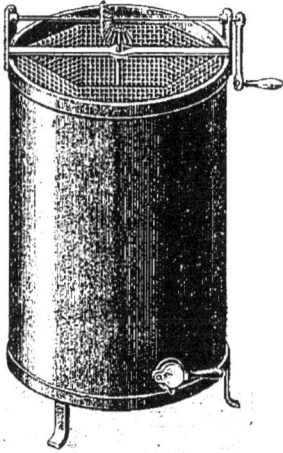

Fig. 306. — Extraction du miel par la force centrifuge (mello-extracteur).

Par la force centrifuge on peut séparer le miel de la cire sans briser les gâteaux. Vous savez que lorsqu'on fait tourner une pierre dans une fronde, la pierre tend à s'échapper. La force qui agit ainsi est la force centrifuge. Alors, en plaçant les gâteaux de miel dans une sorte de panier (*fig.* 306) qu'on fait tourner très rapidement, le miel s'écoule en dehors. Au préalable, il faut avoir soin d'enlever la membrane qui ferme les cellules et qu'on nomme l'*opercule*.

265. Usages du miel et de la cire. — Le miel est utilisé dans l'alimentation de l'homme ; il sert à fabriquer le **pain d'épice ;** il remplace le sucre dans certaines préparations pharmaceutiques. Il est également employé par les vétérinaires.

On peut fabriquer avec le miel une boisson fermentée, très rafraîchissante et très hygiénique, l'**hydromel.**

La cire sert à préparer les encaustiques, à cirer les parquets et les meubles. Blanchie, elle sert à la fabrication des bougies et des cierges.

RÉSUMÉ

Les *abeilles* sont des insectes *hyménoptères* vivant en société. Elles fabriquent le *miel* et la *cire* avec le *nectar* des fleurs. L'élevage des abeilles s'appelle *apiculture*. Il s'opère dans des ruches.

Dans une ruche il y a trois sortes d'abeilles: la *reine*, les *mâles* et les *ouvrières*. La reine pond des œufs. Les mâles sont chargés de féconder la reine et les ouvrières construisent les cellules de cire, nourrissent les jeunes larves et ramassent le miel.

Quand les abeilles sont trop nombreuses dans une ruche, elles se divisent en *essaims*.

Les insectes qui s'attaquent aux abeilles sont la *gallérie*, le *sphinx tête-de-mort*, le *méloë proscarabée*, le *philante apivore*. La *loque* est une maladie contagieuse qui cause parfois de grands dégâts dans les ruchers.

Le *rucher* est l'ensemble des ruches. Celles-ci sont tantôt formées d'une seule pièce (*ruches fixes*), tantôt de plusieurs parties (*ruches à cadres mobiles*).

Les travaux du rucher comprennent la visite des ruches (*en mars*), la récolte des essaims et celle des gâteaux de miel.

L'extraction du miel se fait par pression ou par la force centrifuge.

Le miel est utilisé dans l'alimentation et en pharmacie. Il sert à préparer l'*hydromel*.

La cire est utilisée pour l'industrie des cierges et l'ébénisterie.

SUJETS DE DEVOIRS

(*Donnés aux examens du C. E. P.*)

1. Vous décrirez l'abeille et vous direz ce que vous savez de son travail.

2. Les abeilles. — Leur habitation, leur travail, leurs produits.

3. Des abeilles; des services qu'elles nous rendent et des soins à leur donner.

CHAPITRE IV

ÉDUCATION DU VER A SOIE

SOMMAIRE :

Métamorphoses du ver à soie.

266. Le *ver à soie* est la chenille d'un *papillon* qu'on appelle *bombyx du mûrier* (*fig.* 307). Cette chenille se nourrit de feuilles et préfère surtout celles du mûrier blanc, qui croît dans le midi de la France, en Italie, en Espagne, etc.

267. Le ver à soie subit des **métamorphoses,** c'est-à-dire des changements de forme. Quatre ou cinq jours après l'éclosion, il se produit une première mue : la chenille change d'enveloppe, puis trois autres mues succèdent à la première et, après ces quatre mues successives, le ver devient *chrysalide,* c'est-à-dire qu'il se raccourcit et qu'il lui pousse des moignons d'ailes. Pour cela il s'entoure d'une bourre appelée *cocon :* c'est ce cocon qui constitue la soie. La chrysalide se transforme ensuite en un papillon qui perce le cocon pour sortir au dehors. Si l'on veut recueillir la soie, il faut tuer la chrysalide à l'intérieur du cocon. Pour avoir des œufs, on laisse sortir les papillons.

Fɪɢ. 3o7. — Bombyx : papillon, ver à soie, chrysalide et cocon.

268. L'éducation du ver à soie comprend :

1° La production des vers ;
2° L'élevage des vers à soie ;
3° La récolte et la préparation des cocons.

I. — PRODUCTION DES VERS A SOIE

269. On désigne les œufs du bombyx du mûrier sous le nom de *graine*. On conserve cette graine dans des chambres froides ou dans des glacières. Au printemps, quelques jours avant la pousse des feuilles, on la place dans une salle **plus** chaude, puis dans une étuve dont on élève la température jusqu'à 25 degrés. Les petites chenilles éclosent et on leur donne aussitôt de jeunes feuilles de *mûrier* qu'elles dévorent avec avidité. On les enlève alors avec les feuilles : c'est ce qu'on appelle faire la **levée des vers**.

II. — ÉLEVAGE DES VERS A SOIE

270. Cet élevage se fait dans des chambres appelées **magnaneries** (*fig.* 308), parce que dans le Midi on désigne le

FIG. 308. — Magnanerie.

ver à soie sous le nom de *magnan* (grand mangeur). On dispose tout autour de la chambre des claies sur lesquelles on dépose les feuilles de mûrier avec les vers qui s'y trouvent.

271. Il ne faut élever ensemble que des vers de même taille, c'est-à-dire qui sont éclos le même jour. On leur donne une surface assez grande, proportionnée à leur dimension. Il faut les nourrir abondamment, mais sans excès. La plus grande propreté doit régner dans la magnanerie.

272. Les vers qui viennent d'éclore n'ont qu'un millimètre de longueur. Ils mangent avec avidité pendant 4 à 5 jours, puis la première mue se produit et l'appétit diminue. Il y a deux périodes pendant lesquelles les vers ont besoin d'une plus grande quantité de nourriture. La première s'appelle la *petite frèze,* et la deuxième la *grande frèze.* C'est après la quatrième mue que se produit la grande frèze. Ensuite le ver ne mange plus : c'est le moment où il va filer son cocon, où il va se transformer en chrysalide. On dispose alors au-dessus des claies des branches de bruyère sur lesquelles les chenilles viennent se fixer : c'est la *montée des vers.* Au bout de trois ou quatre jours, le cocon est terminé, la chenille est transformée en chrysalide.

273. L'éducation du ver à soie dure environ 40 jours ; mais pendant ce temps, les vers sont en butte à plusieurs maladies qui causent parfois de grands ravages.

Ce sont : la *muscardine,* maladie contagieuse due à un champignon qui se développe dans le corps de la chenille sous forme de moisissure ; la *pébrine,* ou maladie corpusculaire, due à un microbe ; cette maladie a été étudiée par Pasteur qui a indiqué les moyens de la prévenir ; la *flacherie,* maladie causée par un ferment également découvert par l'illustre savant dont nous venons de citer le nom.

III. — RÉCOLTE DES COCONS

274. Aussitôt les cocons terminés, on les ramasse et on les vend immédiatement, sinon il faut tuer les chrysalides. Pour cela, on soumet les cocons à la vapeur d'eau bouillante ou on les chauffe à sec dans une étuve. L'opération est délicate, car en chauffant trop fort on détériore la soie.

275. Pour dévider les cocons, on réunit ensemble cinq ou six fils. On obtient ainsi la soie brute qu'on nomme *soie grège,* à laquelle on fait subir certaines préparations pour avoir la *soie conditionnée.*

276. C'est l'Italie qui occupe le premier rang en Europe pour la production de la soie. La France vient en second lieu avec 9500000 ᵏᵍ, production bien minime comparativement à celle des grands pays asiatiques : Chine et Japon.

En France, ce sont les départements du Gard, de l'Ardèche, de la Drôme, de Vaucluse qui produisent le plus de soie.

RÉSUMÉ

Le *ver à soie* est la chenille d'un papillon appelé *bombyx du mûrier.* On le nourrit avec les feuilles du *mûrier blanc.*

Il subit plusieurs *métamorphoses;* après quatre mues successives, la chenille s'enferme dans un *cocon* qu'elle file et se transforme en *chrysalide.* La chrysalide devient papillon et perce le cocon pour sortir au dehors.

Production des vers à soie. — Les œufs du bombyx du mûrier portent le nom de *graine.* On les conserve dans des chambres froides ou glacières jusqu'à l'éclosion, qui se fait au printemps au moment de la pousse des feuilles. L'éclosion se fait dans une salle chauffée.

Élevage des vers à soie. — L'élevage se fait dans des chambres appelées *magnaneries.* Les vers sont déposés avec les feuilles de mûrier sur des claies disposées autour de chaque chambre. La plus grande propreté doit régner dans la magnanerie afin d'éviter les maladies qui causent parfois de grands ravages (muscardine, pébrine, flacherie).

L'éducation du ver à soie dure environ 40 jours.

Récolte des cocons. — Les cocons sont filés sur des branches de bruyère qu'on dispose au-dessus des claies au moment de la *montée* des vers. On les ramasse dès qu'ils sont terminés et on tue les chrysalides en soumettant les cocons à la vapeur d'eau bouillante.

Ensuite on les dévide et on obtient la *soie grège.*

SUJETS DE DEVOIRS

1. Le ver à soie. — Ses métamorphoses.

2. Élevage du ver à soie : magnanerie, nourriture, montée des vers. — Maladies du ver à soie.

3. Récolte et préparation des cocons.

CONCLUSION

---

277. Nous avons dit au commencement de ces leçons (n° 1) que, pour faire un bon cultivateur, il ne suffisait pas de savoir tenir une charrue, manier une faux, mais qu'il fallait en outre savoir *diriger une exploitation*.

Les qualités indispensables à un bon directeur d'exploitation, à un bon fermier sont : **l'ordre**, **l'économie**, **l'amour du travail**.

278. Ordre. — L'ordre est aussi nécessaire dans l'agriculture que dans le commerce et l'industrie.

Le cultivateur devra donc avoir une place pour chaque chose et veiller à ce que l'on mette chaque chose à sa place. Il tiendra à ce que l'on accomplisse tous les travaux avec la plus grande régularité ; chaque jour il distribuera lui-même la besogne à ses ouvriers et en surveillera l'exécution.

Il ne faut pas oublier qu'avec de l'ordre on évite de grandes pertes de temps ; c'est le commencement de l'économie.

Mais l'ordre dans le travail n'est pas suffisant, il faut aussi l'ordre dans les comptes ; le cultivateur doit tenir une **comptabilité,** c'est-à-dire qu'il doit inscrire chaque jour ses recettes et ses dépenses, de façon à pouvoir se rendre compte de ce qu'il doit et de ce qui lui est dû. En faisant à la fin de l'année l'estimation de ce qu'il a dans sa ferme, c'est-à-dire son *inventaire*, il saura s'il a gagné ou perdu dans son exploitation. *Tout cultivateur qui reçoit et qui dépense sans compter s'expose à la ruine.*

279. Économie. — L'économie est aussi une qualité indispensable à l'agriculteur. Les bénéfices qu'il réalise sur chaque produit sont souvent peu élevés et parfois les récoltes ont peine à couvrir les frais de production. Aussi ne faut-il rien négliger de ce qui peut réduire ces frais.

Il faut chercher à se procurer les denrées agricoles au plus bas prix possible, car l'argent non dépensé est le premier économisé. On profitera pour cela des bienfaits que procure l'association.

280. Associations agricoles. — Le capital du cultivateur est constitué surtout par le *bétail*, les *engrais* et les *instruments*.

Avec le bétail, le fermier est constamment exposé à des pertes qui peuvent le mettre parfois dans une situation pénible et le conduire à la ruine.

Les **Sociétés d'assurances mutuelles contre la mortalité du bétail** ont pour but de le prémunir contre ce danger. Chaque membre de ces Sociétés paie annuellement une prime à l'aide de laquelle on peut rembourser aux cultivateurs éprouvés la majeure partie du prix des bestiaux qui ont péri.

En s'adressant aux **Syndicats agricoles** pour l'achat de ses engrais et de ses machines, l'agriculteur réalisera de grandes économies.

Les *Syndicats agricoles* sont des associations de cultivateurs formées dans le but d'acheter en commun certaines marchandises dont ils ont besoin : engrais, semences, machines, etc. En achetant ces denrées par grandes quantités, ils obtiennent des remises très élevées.

Ils peuvent en outre faire contrôler la qualité des marchandises sans grever beaucoup le prix d'achat.

281. Amour du travail. — Le cultivateur doit avoir l'amour de son métier. Il ne doit pas craindre de mettre la main à la besogne. Dans les petites exploitations, sa place est avec les ouvriers, c'est lui qui marche à leur tête et qui doit donner le bon exemple.

Dans les exploitations plus considérables, le fermier est représenté à la tête de ses ouvriers par un chef de culture ou un premier valet, mais cela ne doit pas l'empêcher de diriger les travaux.

Il doit avoir l'œil à tout et ne pas s'en rapporter exclusivement aux rapports de ses employés. Il doit veiller à ce que tous les travaux s'accomplissent au moment propice, car c'est là un point très important en agriculture.

282. Comment n'aimerait-on pas d'ailleurs la profession d'agriculteur? N'est-ce pas à la fois la plus utile, la plus saine et la plus indépendante de toutes les professions?

C'est elle qui fournit à l'homme le pain, la viande, le lait, le vin dont il se nourrit, la laine avec laquelle il confectionne ses vêtements, le cuir avec lequel il fabrique ses chaussures.

Le cultivateur profite mieux que personne de l'air pur de la campagne, du soleil bienfaisant qui anime la nature et y répand la gaîté. Cet air vivifiant lui donne la force et la santé. Il n'est pas en butte à une foule de maladies qui accablent les populations anémiées des grandes villes.

Malheureusement il n'apprécie pas assez ces avantages parce qu'il en jouit depuis son enfance. Mais s'il avait passé quelques années dans l'atmosphère fiévreuse et empoussiérée d'une grande ville, oh! combien alors il goûterait le charme de la vie champêtre!

Voyez avec quelle joie les Parisiens se précipitent vers la campagne, lorsqu'ils peuvent échapper au tumulte de la grande cité! Quel plaisir pour eux de pouvoir jouir du soleil, de l'air pur et de la douce tranquillité de la vie des champs!

Et puis, quelle indépendance le cultivateur ne possède-t-il pas? N'est-il pas son maître, n'agit-il pas à sa guise, ne fait-il pas son travail comme bon lui semble, sans avoir d'observations à recevoir de personne?

Sans doute, il est à la merci du temps, il doit lutter contre les intempéries des saisons; mais il s'habitue à envisager cette situation avec calme, et si la nature peu clémente vient parfois détruire ses espérances, il reprend vite courage, se remet au travail avec une nouvelle ardeur et avec l'espoir qu'un lendemain plus propice viendra récompenser son labeur.

283. Enfants, ne fuyez donc pas la campagne. Ne croyez pas que le peu d'instruction que vous aurez reçu sur les bancs de l'école pourra vous dispenser de prendre part aux travaux des champs. Au contraire, ces notions que vous possèderez vous aideront à mieux apprécier les beautés de la nature et les avantages de la vie champêtre, à mieux en goûter les charmes et à vous attacher de plus en plus à la noble profession de cultivateur.

RÉSUMÉ

Les qualités d'un bon cultivateur sont : l'*ordre*, l'*économie*, l'*amour du travail*.

Ordre. — Dans une ferme bien tenue, il y a une place pour chaque chose et le fermier veille à ce que l'on mette chaque chose à sa place; les travaux s'accomplissent avec régularité et on évite ainsi de grandes pertes de temps. Le cultivateur doit inscrire toutes ses recettes et toutes ses dépenses, de façon à savoir ce qu'il doit et ce qui lui est dû. Ces comptes constituent la *comptabilité agricole*.

Économie. — L'*économie* consiste à ne pas faire de dépenses inutiles, à se procurer les denrées agricoles au plus bas prix possible, et à s'assurer contre les accidents de toutes sortes.

Pour cela, le cultivateur fera partie des diverses *associations agricoles* de sa commune ou de son canton : *syndicat agricole, société d'assurances mutuelles contre la mortalité du bétail, société de crédit agricole*, etc.

Amour du travail. — Le cultivateur doit aimer son métier et le faire aimer à sa famille. L'agriculture est la plus utile, la plus saine, la plus indépendante et la plus noble des professions, et les enfants du cultivateur ne doivent pas déserter les campagnes sous prétexte qu'ils ont acquis un peu d'instruction, car cette instruction est aussi nécessaire au paysan qu'au citadin et ils ne trouveront souvent à la ville que fatigues, ennuis, maladie et misère.

SUJETS DE DEVOIRS

1. Quelles sont les qualités d'un bon cultivateur? — En quoi consistent-elles ?

2. Quelles sont les associations agricoles dont le cultivateur peut faire partie ? — Quels avantages lui procurent-elles ?

3. Dans une conversation, votre instituteur vous a fait connaître les principaux avantages de la situation de cultivateur. Vous vous servez de ce qu'il vous a dit pour engager un de vos amis à ne point quitter la ferme de ses parents, comme il en avait l'intention.

C. E. P.

SUJETS DE DEVOIRS

SE RAPPORTANT A L'ENSEMBLE DU LIVRE

et donnés aux examens du C. E. P.

1. De quoi se nourrit une plante ? — Que prend-elle à l'atmosphère ? — Que prend-elle au sol ? — Quels sont les éléments que le cultivateur doit restituer au sol et comment le peut-il ?

2. 1° Qu'appelle-t-on feuilles ? — Leurs fonctions les plus importantes.

2° Qu'appelle-t-on engrais complet ?

3° Dites ce que vous savez sur les binages et les hersages.

3. 1° Quelle est la composition de l'air ? — D'où provient le gaz carbonique de l'air ? — Que devient ce gaz carbonique ?

2° Qu'appelle-t-on microbes ? — Citez quelques microbes. — Citez quelques maladies contagieuses décrites par Pasteur.

4. 1° Quels sont les engrais que l'on peut ajouter au sol en cas d'insuffisance de fumier ?

2° Expliquez l'emploi du semoir et faites-en ressortir l'utilité.

5. 1° Faites la description d'une cour de ferme où le fumier est bien soigné. — Montrez les avantages que le cultivateur retire d'un fumier bien traité.

2° Production des poussins par l'incubation naturelle et par l'incubation artifiielle.

6. Par une belle journée de printemps, vous avez fait une longue excursion agricole avec vos camarades sous la direction de votre maître. Racontez-la ; indiquez les différents travaux que vous avez vu effectuer, le but et l'utilité de ces travaux. Décrivez celui que vous considérez comme le plus important de la saison.

7. 1° Qu'appelle-t-on céréales ? — Quelles sont les céréales cultivées dans votre commune ? — A quelle époque les sème-t-on ?

2° Il y a des plantes qui nuisent aux espèces cultivées ; énumérez celles que vous connaissez et dites par quels moyens vous en débarrasserez la culture.

7*

8. 1° Qu'est-ce que les prairies naturelles ? — Quels sont les travaux qu'exigent ces prairies ?

2° A quoi servent la herse et le rouleau ?

9. Nommez les animaux domestiques faisant partie de ce qu'on appelle le gros bétail.

Quels sont les animaux de trait ?

Quels sont les principaux animaux de basse-cour ?

10. 1° Quelle est l'utilité des bons soins donnés aux animaux ? — En quoi consistent ces soins ?

2° Les engrais végétaux.

11. Vous êtes allé visiter une ferme de votre commune. A quoi servent les animaux et les instruments agricoles que vous y avez vus ?

12. Quels sont les insectes nuisibles à l'agriculture que vous connaissez ? Dites ce que vous savez de chacun d'eux.

13. 1° Comment doit être établi le poulailler ?

2° Décrivez la manière de pratiquer l'une des greffes que vous connaissez.

14. Qu'est-ce qu'un insecte utile et un insecte nuisible ? — Indiquez quelques insectes utiles. — Y a-t-il beaucoup d'insectes nuisibles ? — Comment nuisent-ils ?

15. Quels sont les principaux éléments que la plante emprunte au sol et que nous devons nous efforcer de lui fournir ? — Parlez des engrais et du fumier, du rôle qu'ils jouent dans l'alimentation de la plante.

INDEX ALPHABÉTIQUE

TABLE DES MATIÈRES

DEUXIÈME PARTIE

PRODUCTION ANIMALE

CONCLUSION

IMPRIMERIE E. CAPIOMONT ET Cⁱᵉ

PARIS
57, RUE DE SEINE, 57

La Science et les Travaux de la Ménagère, par Mme M.

SAGE. — Vol. 18/12^cm, 504 p., br., 2 fr. 75. Relié amateur mouton plein souple, tête dorée.......................... **4 fr. 75**

Cet utile petit ouvrage, auquel on a donné une forme élégante et commode, a sa place marquée dans la bibliothèque de la famille, dans celle de la jeune fille surtout, à qui il est indispensable d'inspirer de bonne heure l'amour du rôle de mère et de ménagère.

L'auteur s'attache à montrer combien de choses il faut savoir pour choisir le nid de sa famille, l'organiser avec goût en observant toutes les règles de l'hygiène, le chauffer, l'éclairer économiquement, puis elle s'étend naturellement sur la pratique ménagère, les approvisionnements, la cuisine, etc., et termine par un chapitre sommaire sur les relations de la femme et de la famille avec l'extérieur dans les diverses circonstances de la vie; partout elle met en lumière les qualités nécessaires et les connaissances indispensables pour amener à la maison l'hygiène, le confort, et, avec eux, la gaieté qui fait aimer le foyer.

Une *édition classique* de cet ouvrage est publiée sous le titre: *Enseignement Ménager* et se vend cartonnée.......... **2 fr. »**

La Réforme de l'Enseignement Secondaire expliquée aux Familles, par H. VUIBERT, auteur de l'*Annuaire de la Jeunesse*. — Br. 22/14^cm, 48 p., 4° éd.................. **0 fr. 50**

Dans cette brochure, l'auteur donne sur la réforme tous les éclaircissements nécessaires et il guide les familles sur le choix à faire entre les différentes branches d'études.

Nouveaux Plans d'Études et Programmes de l'enseignement secondaire. — Un vol. 18/12^cm, xvi-224 p., 6° éd.. **1 fr. 75**

On vend séparément :

Divisions Enfantine, Préparatoire et Élémentaire, 2° éd. **0 fr. 40**
Premier cycle (de la 6° A et B à la 3° A et B), 4° éd .... **0 fr. 50**
Second cycle (*Sections Littéraires*), 3° éd............ ..... **0 fr. 60**
Second cycle (*Sections Scientifiques*), 3° éd............. **0 fr. 60**

Programme du *Nouveau Baccalauréat. Sections Littéraires*. **0 fr. 30**
— — *Sections Scientifiques*. **0 fr. 30**
Programme du Baccalauréat de l'enseignement classique. **0 fr. 30**
Programme du Baccalauréat de l'enseignement moderne. **0 fr. 30**
Programme du Certificat d'études physiques, chimiques et naturelles... **0 fr. 30**

Éléments de Méthodologie mathématique à l'usage de tous ceux qui s'occupent de mathématiques élémentaires, par M. DAUZAT, inspecteur d'académie. — Un beau vol. 22/14^cm, 1100 p. avec figures...................................... **10 fr. »**

Cet ouvrage renferme :

1° Des considérations générales sur les mathématiques élémentaires et leur enseignement;

2° Un résumé raisonné des théories arithmétiques, algébriques et géométriques;

3° Un exposé des méthodes et des procédés de démonstration et de résolution des questions élémentaires de mathématiques;

4° L'application de ces méthodes à plus de 500 questions.

Librairie VUIBERT et NONY, 63, Boulev⁴ Sᵗ-Germain, Paris, 5ᵉ.

ANNUAIRE DE LA JEUNESSE

Par H. VUIBERT (13ᵉ année)

Instruction — Écoles spéciales — Carrières et professions

Un vol. 18/12ᶜᵐ de 1140 p., br. 3 fr., cart. 4 fr., rel. 5 fr.

Cette publication, comme l'indique son titre, est continuellement réimprimée et mise au courant des innombrables changements qui surviennent chaque année dans tout ce qui touche à l'instruction, aux écoles spéciales, aux carrières, au service militaire, etc.

La première partie : INSTRUCTION, servira à guider les jeunes gens dans tous les actes de la vie scolaire, à quelque degré d'instruction qu'ils veuillent s'élever.

Dans la seconde partie : ÉCOLES SPÉCIALES, consacrée aussi bien aux petites écoles qu'aux grandes, l'auteur laisse absolument de côté le point de vue historique, pour ne s'attacher qu'à l'organisation actuelle. Il insiste sur les moyens de préparation à chaque école et sur la nature des débouchés qui s'offrent à la sortie.

La troisième partie de l'ouvrage : CARRIÈRES ET PROFESSIONS, est en quelque sorte une application des deux autres, puisque son objet est de montrer quel est le meilleur parti à tirer de l'instruction acquise.

PROGRAMMES ET SUJETS DE CONCOURS

Programme du Brevet élémentaire.......................... 30ᶜ
 — du Brevet supérieur et du Certif. d'apt. pédagogique. 30ᶜ
 — du Certificat d'études primaires supérieures....... 30ᶜ

Ecoles normales primaires. 30ᶜ — mins de fer............. 30ᶜ
Ecoles normales prim. supérieu- Ministère des finances..... 50ᶜ
res de Fontenay-aux-Roses et Travaux publics, 216 p. 1 fr. 75
de Saint-Cloud......... 25ᶜ Postes et télégraphes...... 50ᶜ
Certificat d'aptitude : Professorat Section normale de Châlons. 50ᶜ
des Écoles norm. et prim. su- Section normale des hautes étu-
périeures............. 30ᶜ des commerciales....... 50ᶜ
— Enseignement du chant, des Section normale de commerce et
langues vivantes, de la gymnas- d'indust. de Jeunes Filles. 50ᶜ
tique, des trav. de couture. 20ᶜ Banque de France et établisse-
— Inspect. des écoles mat.. 20ᶜ ments financiers... ... 30ᶜ
· Professor. ind. et com.. 50ᶜ Bourses commerciales de séjour
Percepteur surnuméraire.. 30ᶜ à l'étranger........... 30ᶜ
Commissariat de surv. des che- École de Travaux publics.. 30ᶜ

Sujets de Compositions donnés aux examens des **BOURSES DANS LES LYCÉES ET COLLÈGES** (Garçons et Jeunes Filles) de 1890 à 1902. — Vol. 22/14.................... 3 fr.

Programme des examens pour l'obtention des **BOURSES DANS LES LYCÉES ET COLLÈGES** (Garçons et Jeunes Filles). 30ᶜ

Pour la liste complète des **Recueils de sujets de concours** et des **Programmes**, consulter l'*Annuaire de la Jeunesse*.

Programme des conditions d'admission :
 à l'*Ecole spéciale de Travaux publics*............... 30ᶜ
 à l'*Ecole pratique d'Electricité industrielle*............... 30ᶜ

Paris. — Imp. E. CAPIOMONT et Cⁱᵉ, rue de Seine, 57